无人机摄影

祝全一 贾琳　　著

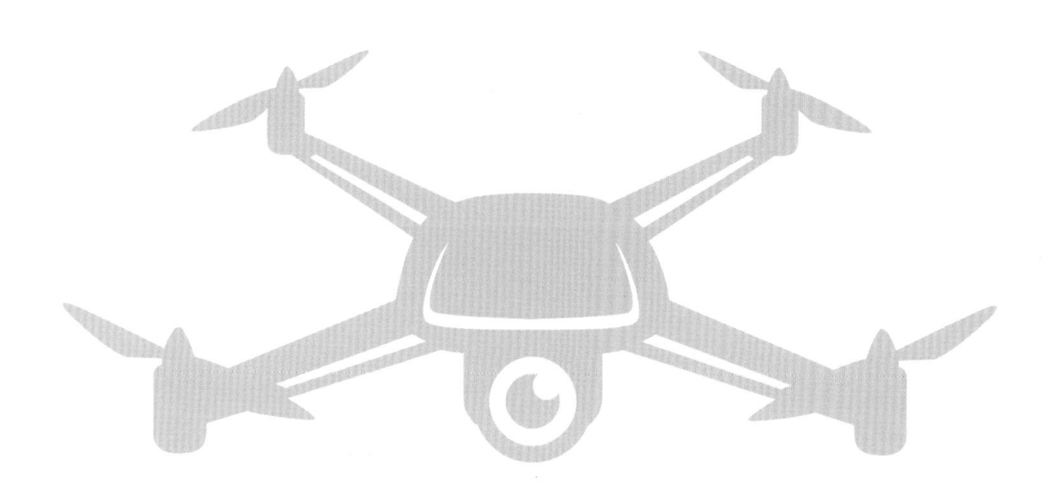

青岛出版集团 | 青岛出版社

图书在版编目（CIP）数据

无人机摄影 / 祝全一，贾琳著. — 青岛：青岛出版社，2023.7
ISBN 978-7-5736-1083-6

Ⅰ. ①无… Ⅱ. ①祝… ②贾… Ⅲ. ①无人驾驶飞机－航空摄影 Ⅳ. ①TB869

中国国家版本馆CIP数据核字（2023）第065156号

WURENJI SHEYING
书　　名　无 人 机 摄 影
著　　者　祝全一　贾　琳
封面照片　夏　耕
出版发行　青岛出版社
社　　址　青岛市崂山区海尔路182号（266061）
本社网址　http://www.qdpub.com
邮购电话　0532- 68068091
策　　划　蔡晓滨　曹延亮　潘德刚　周鸿媛
责任编辑　刘百玉
特约编辑　王玉格
封面设计　毕晓郁
制　　版　青岛千叶枫创意设计有限公司
印　　刷　青岛海蓝印刷有限责任公司
出版日期　2023年7月第1版　2023年7月第1次印刷
开　　本　12开（850毫米×1092毫米）
印　　张　22
字　　数　264千
书　　号　ISBN 978-7-5736-1083-6
定　　价　120.00元

序一

拓展摄影审美空间的崭新路径
——序《无人机摄影》

索久林

摄影是视觉艺术，无论创作还是欣赏，摄影艺术的视觉空间都非常重要。英国著名美学家博克认为，艺术的表现对象具有审美品质的多向性。这为我们揭示了艺术审美对象具有多维度空间的特质。然而，在传统的摄影创作中，摄影的审美空间受到诸多限制。无人机摄影问世之后，摄影的审美空间得到了拓展。但是，要掌握无人机摄影的艺术和技术要求，还需要摄影人做很多努力。这本《无人机摄影》为我们开辟了无人机摄影审美空间的崭新路径，令人欣慰，也值得朋友们关注!

随着科学技术的迅猛发展，现代摄影创作的载体从数码摄影发展到了无人机摄影。最先进的数字技术将摄影艺术带入了一个前所未有的境界，为摄影人搭建了展示艺术才华的平台，为丰富和发展摄影艺术开辟了一片广阔天地。

《无人机摄影》作者借鉴传统的接片方法，根据无人机的飞行优势，全视角、全场景、全要素地对机位进行合理分类并加以充分利用，又通过计算机后期合成技术，实现大视角、大画幅、大制作的摄影艺术重塑，使作品气势宏伟、震撼人心，为大众化摄影艺术开辟了一个新的创作高地，令人神往。

《无人机摄影》一书中，作者尊重摄影人的主观艺术创作空间，强调个体的创造力，使作品不再是简单的场景复制，而是通过构图、立意、多机位拍摄、多变的创意，把客观真实变成心理真实，既是视觉触摸的真实存在，又是一种影像制造，达到了自然美与心灵美的完美融合。

《无人机摄影》是祝全一先生编著的《小数码拍大画幅》的姊妹篇。书中既有现代摄影理论指导，又有多年摄影艺术创作的经验总结，彰显了作者对摄影艺术不断创新的执着追求，具有很强的借鉴意义和实用价值。书中的作品主题鲜明、构图巧妙、光影璀璨，具有很强的欣赏价值和研究价值，也具有很强的示范效应。

《无人机摄影》一书的问世，必将对推动、发展无人机摄影艺术起到极大的促进作用，必将为学习无人机摄影的摄影人带来福音。

祝全一先生是我多年的摄影挚友。他酷爱摄影艺术，也乐此不疲地研究新的数字摄影技术，在技术和艺术两个方面均成果甚丰。相信在他坚韧不拔的努力下，一定会有更多的摄影艺术、技术成果问世，为当代摄影艺术的发展做出更多的贡献！

（索久林　中国摄影家协会顾问，

中国摄影家协会第八届主席团副主席、理论委员会主任）

序二

思考成就创新

刘宽新

祝全一、贾琳的新作《无人机摄影》已经付梓，这是无人机摄影领域的一件大事，可喜可贺!

《无人机摄影》是一本实操性极强的技术集成手册，成体系、成系统，理论和实践兼而有之，填补了无人机摄影、接片教材领域的空白。祝全一先生是一位勤奋、努力、有水平、有建树的摄影师，他脚踏实地、勤勤恳恳，攻克了很多困扰摄影人的重大技术难题。

中国人设计生产了世界上最好的无人机航拍器，这是中国人引以为豪的科技产品。短短几年间，无人机风靡大江南北，走向世界各地。摄影设备和技术的不断创新，为摄影人搭建了一个进取和提升的平台。欣赏无人机摄影作品，我们能深切地感受到人的主观能动性和创造力给设备和技术带来了多么大的提升。

成功从来不是凭空产生的，它来自日积月累的探索实践，来自扎实的努力。

祝全一先生说："无人机就是一架会飞的照相机。"他参透了无人机技术优势的本质。凌空翱翔的无人机将作者带到了在他身背相机时代想去而去不了的地方、想到而到不了的高度、想看而看不到的场景。他将自己二十多年研究所得的"小数码拍大画幅"的成果，平滑无缝地移植到了无人机摄影上。

我们知道，无人机航拍器限于体积和起飞重量，不能做得太大，因此无人机传感器的像素和画质一直不被苛求画质的摄影师认可。只有解决了无人机接片技术，才可以使用无人机拍摄出巨大画幅的照片，再用后期处理技术，彻底解决用无人机"小数码拍大画幅"的难题。这将会是一个了不起的贡献。

《无人机摄影》一书中的创新和突破比比皆是，对于技术的总结和提炼酣畅淋漓。正如祝全一先生所言："无人机给我提供了一个几近无限的创作空间。"但是，我要反复强调的是，没有摄影人的认真思考和勤奋实践，再好的设备也无法自己创造出超乎寻常的佳作。

祝全一先生痴迷于无人机带给他的广阔且崭新的空间，充满激情地总结出了“无人机机位分类”“无人机构图立意”“无人机多机位接片”等具有开拓性的实践方法。这是他反复思考、实拍、接片的经验所得，是一个老摄影人面对新生事物时，不惧挑战、攻坚克难，交出的一份优异答卷。

祝全一先生成功探索出了俯平仰一体、正侧背交融、远中近搭配等的机位、拍摄视角组合，为摄影的一般规律注入了新的内涵（此“俯平仰、正侧背、远中近”，非彼“俯平仰、正侧背、远中近”），很好地克服和纠正了无人机一味“高举高打”、广阔却无主体、浩大却无层次的弊端。

摄影最终比拼的是摄影人的综合素质。特别是在数字影像呈现方式已经全面进入视频时代时，无人机摄影无疑是另辟蹊径、独树一帜的。祝全一先生善于学习、创新，能够静心研究，沉浸于抽象、逻辑与哲学思考，是难能可贵的，也是他超越常人之处。

一个人的价值在于他的贡献，在于他无私的奉献。祝全一先生做到了！

纸短意长，感由心生，衷心向祝全一先生道贺、致敬。

（刘宽新　中国摄影家协会第八届理事，原北京摄影函授学院副院长，中国摄影金像奖获得者，北京航拍专业委员会主席，微摄全国航拍委员会主席）

前言

无人机航拍器（以下简称无人机）接片技术通过借鉴传统摄影的接片方法，根据“会飞的照相机”（无人机）的用途、属性和优势，对无人机性能进行充分挖掘，对机位进行合理分类，对各种拍摄模式、方法重新整合，再利用计算机后期合成等一系列操作，在最先进的数字科技领域完成摄影人艺术理念的再现。

这本书旨在打造一个无人机摄影的整体技术架构。书中讲解的无人机摄影技术是将摄影从记录和复制场景向图片创造层面的转移，使摄影作品既体现出“凝固的瞬间”，又能使局部场景按摄影人的创意重新排列组合。全书共有 7 章、28 节及一组实战分享，它们如同构成系统的模块和组件，对无人机摄影进行了定义、概念命名，用摄影的语言对其内涵和外延进行了描述；为具有一般性、结构性、重复性、稳定性的拍摄方法建立了模式，对技术要领进行了解析；为从前期拍摄到后期制作规划了路径；建立了实战指南，为案例配上了拍摄解密、步骤分解、注意事项说明等讲解。本书力图使无人机摄影变成艺术创作的工具，使无人机拍摄的作品既能反映客观真实，又能体现心灵意象。

我曾经对“小数码拍大画幅”进行过多年的深入研究，对于接片的外在表象、内在属性进行过系统的归纳提炼和理论上的抽象总结，归纳了一套相对完整的拍摄方法和拍摄模式。在此基础上，我瞄准无人机的特性和技术优势，研究探索无人机摄影的架构，以及无人机摄影的新规律、新模式、新方法、新途径。

无人机摄影能形成大视野、大画幅、大格局、大写意这“四大”的外在表象，具有气势宏大的画面，可以弥补无人机传感器不大、像素不高的缺点，使拍摄出的画面具有极丰富的细节表现力，从而在大众化摄影领域开辟出一条创作新路。无人机拍摄的对象广泛，手法和表现形式多样，可以大大超出我们的想象。其作品规格和意境能展现出一个完美的图像世界和艺术天地。

无人机摄影还有多视点、多焦点、多时间点、多次曝光这“四多”的内在属性，为拍摄提供了千变万化的可能性。通过视点移动、焦点调整、时间顺序转换、拍摄参数变化等，让摄影人在拍摄时就可以实现二次构图、二次修补、区域曝光、调整反差、增加清晰度等原本只有在后期通过计算机软件才能实现的课题。

无人机摄影本身就是一种创新，它需要摄影人以创作的心态去规划拍摄，不能简单依靠“决定性瞬间”。摄影讲究的是通感，摄影人在创作时会自觉地调动自身的文化底蕴和综合素质，会下意识地把日常掌握的拍摄技术技巧的碎片进行整理、整合，进而催化灵感，激发创造力。这种创作自觉和创作意识的养成，一要靠反复实践，二要靠熟练把握并自如运用无人机摄影的方法和模式。产生灵感的前提是经验的长期积累。

有人说，当一个山头聚满了摄影人的时候，经典已经不复存在。这句话只对了一半。学会了无人机摄影，利用其特有的模式和方法，在万众相聚的同一个位置，仍然可以创作出人无我有的佳作。因为它可以用多个视角去表现客观存在，体现摄影人的无限创造力。

写这本书的宗旨是在创作实践的基础上，从摄影理念、创作方法、拍摄模式、适用场景、注意事项、后期制作等方面进行归纳整理，化难为易，将操作、合成这些烦琐复杂的过程，归纳成一套简单易学的方法，将“高端”技术化为“大众化”常识，打造一个实战集成手册，让读者“对规对标就能应用”，为摄影人提高技艺、丰富表现方式提供方法。

无人机摄影技术分为两个层面，一个是飞行技术，一个是拍摄技术。本书只涉及拍摄技术，不涉及飞行技术。拍摄技术又分为照片拍摄和视频拍摄。本书只涉及照片拍摄，并聚焦于接片技术，不涉及视频拍摄。

目录
CONTENT

拍摄于福建省武夷山茶园。使用上下 4 个机位拍摄。

第一章

无人机接片的技术特点

第一节　无人机接片的基本功能

实用提示

本书以大疆御3为例，为了表述方便，对一些术语做如下简化处理：

1. 将无人机航拍器简称为无人机；

2. 将 Adobe Camera Raw 软件简称为 ACR；

3. 将 Adobe Photoshop 软件简称为 PS；

4. 将无人机拍摄的单张照片称为“单元照片”，将多张单元照片合成的图片称为“母版”。

无人机最大的特点是摄影人可以通过它鸟瞰世界。当摄影人在一个新的高度上俯瞰世界，搜寻焦点的时候，会被全新的、更大的视野所震撼。无人机记录的画面既能让我们感受到张扬航拍的鸟瞰之美，又能让我们体会到满盈平拍的纵深之感。顿时，千番胜景收眼底，万般诗意入画来，大自然之魂牵梦绕，萦系于天地之间。然而，这并不是无人机摄影的全部魅力。无人机还能以一米之遥、伏地机位进行拍摄，甚至可以手持拍摄。

一、无人机拍摄功能的技术特性

（一）无人机拍摄功能的优点

1. 视角的独特性

无人机与普通相机最大的不同是它可以飞高，占据制高点，形成居高临下的“上帝视角”。对于摄影人而言，这意味着观看世界的方式的变化。当原本熟悉的景物以别样的面貌展示出来，会给人一种新奇甚至怪异的感觉，会让作品产生不同的视觉冲击力，给人陌生的审美体验。

2. 机位的机动性

无人机彻底打破了拍摄机位的限制，让摄影人可以轻而易举地选择不同的机位。无人机可以跨越障碍，不受地形干扰，在三维空间里自由移动，所到之处都可以是拍摄机位。

这种机位的机动性对于摄影人来说具有颠覆性、革命性的意义。灵活的机位配上接片技术，就是打开了通向无限创作空间的大门，伴随而来的必然是拍摄理念、拍摄方法、拍摄模式的革新。

3. 云台的多维性

云台是安装在无人机上用来挂载相机的机械构件。用无人机拍摄时，镜头的横向移动靠无人机自身旋转，可以做到 360° 全景扫描，将周围环境“一网打尽”；纵向移动靠镜头上下俯仰（–90° ~ 35°）。这样的云台使无人机拍摄视角大大超越人眼视角的局限，为摄影人提供了一个全方位、多维度的创作空间，为摄影人把不同维度的场景按照主观意志进行重新排列组合并表现在一个画面中提供了前提条件。

4. 预设的自动性

无人机的全景预设有 180° 全景、广角全景、球形全景、竖拍全景四种。无人机能自动合成 JPEG 格式的母版，让摄影人即拍即看。这对于初学者来说是一个很大的福音。无人机还会保留 RAW 格式的全部单元照片，便于后期制作，获得高品质作品。

5. 操作的便捷性

无人机的很多操作（比如色温的参数设置）可以通过点击触摸屏完成；曝光补偿也很简单，可以在触摸屏上直接上下拉动观察效果；选择焦点也可以通过点击触摸屏来完成，既快捷又准确。

（二）无人机拍摄功能的缺点

1. 传感器不大（哈苏相机传感器为 4 ∶ 3 画幅，18 毫米 ×13.5 毫米）。

2. 高速连拍模式速度慢、拍摄张数少，且没有追拍功能，在抓拍动态景物时有很大的局限。

3. 焦距有局限性，内设两只镜头中，哈苏相机的等效焦距为 24 毫米，长焦相机的等效焦距为 162 毫米。

4. 降噪功能差，感光度 800 以上时，拍摄的照片基本上不能使用，噪点很多，不利于拍摄夜景。

二、无人机人接片的技术优势

（一）弥补相机传感器的局限性

1. 增大母版的画幅

无人机的传感器小，这是无人机一直以来被苛求画质的摄影人所不接受的原因之一。对于无人机来说，传感器的画幅是一定的、不变的，它所拍摄出来的照片的画幅也是一定的、不变的。要把这些不变化为可变，就要通过接片来实现。接片就是把若干张单元照片合成一张母版，实现画幅可变，是多张单元照片的累加结果。单元照片可多可少，单元照片越多，母版的画幅就越大。

图 1-1-1

图 1-1-2

《游艇码头》（图 1-1-1），拍摄于青岛奥林匹克帆船中心。游艇码头的面积很大，没有足够的画幅不足以表现出它的气势。共拍摄 2 行 4 列单元照片（图 1-1-2），单元照片是 5280×3956 像素，母版是 11485×4896 像素，画面画幅约为单元照片的 2.5 倍。

2. 增大母版的像素

数码照相机的传感器的像素数量是固定的，拍摄出来的照片的像素数量虽然会根据场景条件的变化有所变化，但也相差无几。无人机接片所增加的画幅并不是增加了单位尺寸的像素数量。对于本来使用一张照片就可以拍摄的场景，将无人机靠近拍摄，相当于改用长焦镜头，增加了单元照片的张数。单元照片的张数越多，母版的像素数量就越大，这就实现了多传感器累加的效果，相当于使用了一个可变像素的无人机镜头传感器。

图 1-1-3

图 1-1-4

《落日长桥》（图 1-1-3），拍摄于青岛胶州湾大桥。使用探索长焦镜头拍摄 3 行 6 列单元照片（图 1-1-4），单元照片是 1200 万像素，母版是 11010 万像素，约为单元照片的 5.5 倍。

（二）弥补镜头的局限性

1. 弥补视角局限

摄影时，我们经常遇到镜头不能把宽大的场景完整囊入画面的问题。镜头的局限性会限制摄影人的创作。而接片可以增大拍摄视角，弥补无人机镜头的视角局限。

大疆御 3 标准镜头的等效焦距为 24 毫米，理论上的 1 ～ 4 倍数字变焦对于拍摄高品质照片来说也只是一个噱头而已。至于探索长焦镜头，镜头拍出的照片质感一般，14 倍、28 倍变焦只能做寻查远距离场景使用。这就迫使摄影人不得不另辟蹊径——通过接片等手段扩大画幅，满足摄影创作的需要。

接片可以让拍摄视野变宽阔。无人机机身的旋转和镜头的上下摆动几乎可以形成一个立体的拍摄空间。这样的视野范围是任何镜头都无法比拟的，它相当于一只全空间立体镜头。

图 1-1-5

图 1-1-6

《小麦岛之晨》（图 1-1-5），拍摄于青岛市小麦岛。使用 180° 全景预设，拍摄 3 行 7 列单元照片（图 1-1-6），横向拍摄的视角接近 260°，纵向接近 190°。

图 1-1-7

图 1-1-8

《潺潺流水》（图 1-1-7），拍摄于青州市一处人造景观。方寸之地，多条飞瀑顺势而下，在北方少见。使用 7 倍探索长焦镜头拍摄8行3列单元照片（图 1-1-8），将被摄物变形控制到最小。

2. 控制畸变

无人机的广角镜头进行远距离拍摄时，画面变形一般不大。可是真正进行创作时，大都需要远近结合，甚至要超近距离拍摄，这就会导致照片四角发暗、边缘扭曲变形、垂直线条汇聚、细节不清、画面上下空域过多、照片锐度下降、透视过度夸张、镜头耀斑等问题。

这时，利用无人机灵活的机位，合理把握无人机与主体之间的距离，调控画面视差，后期进行接片，就是简便易行地控制畸变的好方法。通过合理控制透视关系来控制各种畸变，就相当于拥有了一个多视点魔术镜头。

控制畸变，既有抑制的意思，又有强化的意思；既可以是防止、减少畸变，又可以是加剧、扩张畸变。其实，利用和扩张畸变也是增强视觉冲击力的好方法。

图 1-1-9

《舟系静水赛江南》（图 1-1-9），与《潺潺流水》拍摄于同一地点。使用普通镜头拍摄 2 行 4 列单元照片，既拓宽了视角，又保证了景深；既能强调画面的透视效果，又夸张了前景，增强了画面的感染力。可见，同一场景，使用不同的镜头和拍摄方法，拍出的效果大不一样。

多视点拍摄的优势

1. 打破人眼的阅图习惯，形成强烈的视觉冲击力。

2. 增加或丢弃场景中必要或不必要的景物，对多个局部场景重新进行排列组合。

3. 将俯视、平视、仰视的多个视点集于一个画面之中。

4. 扩大拍摄角度。

5. 控制图像的透视与畸变。

图 1-2-1

《蓝谷新城》（图 1-2-1），拍摄于青岛市蓝色硅谷核心区。拍摄 3 行 8 列单元照片，通过旋转机身，从顺光拍到了逆光，利用多个视点拍摄增加了画面的趣味性和冲击力，展现出城市新区的建设风貌。

二、多焦点

焦点既可以决定景深的大小，让画面有虚有实；又可以决定景深的位置，在纵深中论虚实。

摄影创作的核心是主体在画面中的位置和景深范围，是摄影人对主体和陪体之间的关系的处理方式。

无人机摄影与传统摄影不一样，无人机摄影作品可以有多个焦点，每一个焦点都是摄影人在空间上的创意。

同时，焦点的变化可以延展或压缩景深，甚至可以创作全景深（整个图像全部在景深范围内）照片。

（一）影响景深的要素

1. 光圈：景深与光圈的绝对值成正比，但光圈过小会导致照片因衍射损耗而降低清晰度。

2. 物距：景深与物距的平方成正比，物距越大，景深越大。

3. 焦距：景深与焦距的平方成反比，焦距越小，景深越大。

4. 传感器：景深与传感器大小成反比，传感器越大，景深越小。

5. 模糊圈：模糊圈直径增大时，清晰度会降低，影响景深。

（二）控制景深的方法

无人机的镜头不能光学变焦，创造全景深的画面难，创造有实有虚的画面更难。因此，控制景深的方法是摄影人要研究、突破的重要课题。

1. 矩阵多焦点法

借用矩阵式全景接片上、下行的自然变化，一行一行地改变焦点。一般情况下，下行单元照片比上行单元照片的焦点距离要近，越是往上的行，单元照片之间的焦点距离越大。因此，拍摄矩阵式单元照片时，根据场景的不同需要，让相邻的单元照片重叠 1/3 或 1/2，甚至更大一些。

2. 不规则多焦点法

不规则多焦点法指有局部场景焦点不实时，通过调整焦点重拍局部场景，变虚为实的方法。后期制作时，要对重拍的局部场景进行替换，确保整个图像都为实像。

图 1-2-2

《力挺千钧》（图1-2-2），拍摄于青岛胶州湾大桥。傍晚，轻微的雾霭遮住了太阳直射光，远处灰蒙蒙一片。尝试使用 7 倍探索长焦镜头拍摄，光圈为 f/4.4，快门速度为 1/60 秒。拍摄后发现景深不足，远处的大桥和天空糊在了一起。因此改用上下 2 张单元照片（图 1-2-3）接片，下方单元照片焦点在桥的主体上，上方单元照片的焦点在远处的桥身上。这样就扩大了景深范围，成就了一幅在不理想天气下拍出的全景深作品。

图 1-2-3

三、多时间点

多时间点能够反映出摄影人的叙事方式。

无人机摄影可用时间间隔划分单元照片，这种时间间隔可以是有规律的，也可以是无规律的。

将在不同时间点拍摄的单元照片接片，就可以将同一场景中在不同时间出现的景物纳入一个画面中。

（一）多时间点拍摄方法

1. 同一物体重复出现在一个画面中

通过追踪运动物体，使这一运动物体在多张单元照片中重复出现，使母版更有动感。

图 1-2-4

《抢收》（图 1-2-4），拍摄于平度市田庄。一台收割机绕一片麦田转圈收割，在相同机位上的 9 个时间点拍摄 9 张单元照片，用时 20 分钟，积少成多，形成多台收割机抢收的景象。后期制作时，在 PS 中进行自动投影方式对齐，从下至上逐个图层添加蒙版，再用白色画笔擦出收割机和已经割过的麦垅。

2. 等待抓怕

通过等待，抓拍下某一精彩瞬间，并将这张抓拍照片作为一张单元照片。

图 1-2-5

图 1-2-6

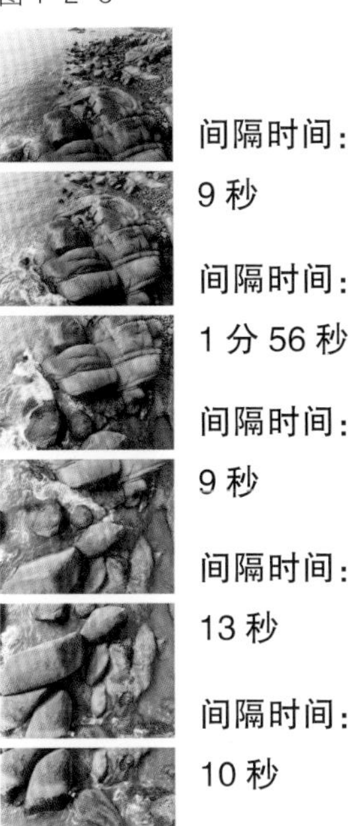

间隔时间：9 秒

间隔时间：1 分 56 秒

间隔时间：9 秒

间隔时间：13 秒

间隔时间：10 秒

《钓鱼礁上乐陶陶》（图 1-2-5），拍摄于青岛市海岸线上火成岩岸礁。使用 6 张单元照片（图 1-2-6）自下而上接片。使用 ACR 自动合成，稍做调整还原色彩。拍摄第 5 张单元照片时，让无人机悬停在空中，等待并抓拍钓鱼人甩杆。

3. 轨迹延时拍摄

无人机可以设定并储存拍摄地点，我们可以利用这个特点进行较大时间跨度的拍摄。

无人机电池续航时间较短，常因电量不足而返回地面。大疆御 3 有轨迹延时模式，它的特点是可以记录机位，以便让无人机再次起飞后回到之前记录下的机位上。

轨迹延时拍摄配合接片可以将一个区域中的多个很难出现在同一时间点的物体纳入一个画面中，比如火车站中很难同时进站的多列火车，海面上很难同时出现在同一海域的多艘轮船。

图 1-2-7

《我载游人向梦幻》（图 1-2-7），拍摄于青海省茶卡盐湖。景区内观光车沿大环线不停绕行，车身倒映在湖水中，形成了一道亮丽的风景线。不过，观光车并不密集，十几分钟一组，要想把几组观光车放入一个画面着实不太容易。

使用轨迹延时拍摄，让无人机多次飞到湖面上。第一次起飞后拍摄整体场景，其中有一张单元照片拍到观光车；第二、三次起飞后拍摄局部场景，在观光车到达前将无人机飞至设定的机位，找准时机进行拍摄。后期制作时，让三次拍摄的单元照片进行自动对齐，三列观光车便会出现在一个画面中。

实用提示

无人机轨迹延时设定方法：首先选择延时摄影模式中的轨迹延时，接下来设置轨迹点。无人机能够记录轨迹点的三个参数，即无人机位置、朝向以及云台俯仰，其中无人机位置又包括平面坐标和高度。设置延时轨迹点时，在第一个轨迹点点击“+”，添加这个轨迹点，然后将无人机飞往下一个位置，调整无人机朝向和云台俯仰，满意后再点击“+”……轨迹延时最少需要设置2个轨迹点，最多可以设置5个轨迹点。轨迹点设置完成后，点击轨迹设置框左上角的小图标，保存设置。

拍摄时，将无人机飞到延时拍摄的起始位置附近，然后选择延时摄影模式中的轨迹延时，点击“设置取景点”，然后点击设置框左上角的小图标，调出保存的设置。之后点击拍摄按钮，无人机会自动前往轨迹点进行拍摄。

（二）多时间点拍摄要领

1. 处理好整体场景与局部场景的关系

使用加法或者替换法。拍摄时，先完整拍下整体场景，再拍摄局部场景。这个局部场景应是整体场景中的一部分。也可以拍摄多个局部场景，或先拍摄一个场景的一部分，若干时间后再拍摄另外的部分。

2. 单元照片最好在同一环境下

应该特别注意拍摄地的光位变动和天气变化，如果拍摄时间间隔过长或天气骤变，容易造成接片的失败。

3. 要有足够的重叠画面

在多时间点拍摄的单元照片之间的重叠要多一些。

4. 符合透视关系

透视关系大致分三种：色彩透视、消逝透视、线透视。

5. 拍摄设置基本一致

拍摄期间，无人机的拍摄设置不能有太大的调整。

《红霞漫卷伴归航》（图 1-2-8），拍摄于胶州湾。这是一张在多时间点拍摄并合成的照片，渔轮部分为单独补拍局部。

图 1-2-8

四、多次曝光

摄影时，一个场景中的各区域的光度可能不一致，有时甚至会相差很大。现有的无人机传感器的宽容度根本无法正确还原这样的场景。

无人机摄影需要进行多次成像，其实质是把一个场景分成若干个区域，这就为各区域单独进行曝光参数设置提供了条件。

实现区域曝光是一代又一代摄影人梦寐以求的。在传统摄影中，大多只能在后期实现区域曝光，而无人机接片把在拍摄期间进行区域曝光变成了现实：一张母版由多张单元照片组成，每张单元照片拍摄时都进行一次曝光，每次曝光都可以根据摄影人的意愿进行单独的参数设定。

（一）多次曝光的拍摄要领

1. 逐张调整曝光参数

根据不同光度调整单元照片的曝光参数，确保每张单元照片的曝光结果既适应整体画面的亮度结构，又在相机的宽容度范围以内。

2. 逐张确定拍摄时机

根据时间、光度的变化来确定每张单元照片的拍摄时机。

3. 使用 AEB 拍摄单元照片

对同一张单元照片，可以使用 AEB（自动包围曝光）进行多次拍摄，后期合成 HDR（高动态范围）图像。

（二）利用曝光组合差

曝光组合指光圈、快门速度、感光度设定值的组合。摄影人可以根据需要，改变单元照片曝光组合中的任一参数或全部参数。

图 1-2-9

《海上牧场》（图 1-2-9），拍摄于青岛市即墨区田横岛养殖基地，作者是刘居伟。清晨，太阳刚刚冒出地平线，光比在大疆御 3 的宽容度范围以内。但是，要把太阳拍成“鸭蛋黄”样，前景会很暗，出现很多噪点。因此进行上下两行拍摄，各行使用不同的曝光参数，上行比下行的曝光量减少 1.67EV（EV: 反映曝光多少的量）。后期制作时，对上下行接缝处进行适当调整，再自动合成。这样做既满足了拍摄太阳的曝光要求，又减少了噪点。

（三）利用曝光时间差

利用曝光时间差，即在光度、场景亮度不同的时间点进行拍摄，以达到合理控制曝光量的目的。尤其是在室外拍摄时，早晚时间段光度变化很快，被摄物的受光状况也大不相同，因此，在不同时机拍摄出的照片大不一样。

利用曝光时间差拍摄时，也需要使用无人机轨迹延时功能进行二次起飞，到达设定好的机位。

图 1-2-10

《妈祖祈福》（图 1-2-10），拍摄于青岛银海国际游艇俱乐部。使用 180° 全景预设，靠近主体（雕塑）拍摄。初次拍摄，天空曝光控制得非常理想，但主体曝光严重不足。15 分钟后，进行第二次拍摄，将曝光参数增加 0.3EV，使主体曝光准确，但天空过曝。后期制作时，进行自动对齐，两组单元照片各取其长、舍其短。

第三节　无人机接片的美学意象

无人机摄影将我们带入一个无与伦比的审美空间。尺幅之间，青云万里；方寸之中，气象万千。独特的视角，广阔的视野，使王希孟想象中高度凝练的《千里江山图》变成了活生生的现实。

从观者的感观出发，拍摄时，摄影人应充分彰显无人机摄影的美学意象，充分利用无人机摄影带给观者的视觉冲击。

摄影人应从以下四个方面反复体悟和创作。

1. 注重大视野

“大视野”是无人机摄影作品最有震撼力的一个方面。将单片拍摄与无人机接片结合起来，可以表现出力量和气势，让作品雄伟、壮观、恢宏、浩瀚淋漓、浑然天成，如李白诗云：“飞流直下三千尺，疑是银河落九天。”

2. 注重大画幅

无人机的传感器为 4 ∶ 3 画幅（18 毫米 ×13.5 毫米），相比于高档照相机，差距很大。要克服这一点，就要使用无人机接片，使拍摄的照片产生叠加效果，让照片的像素数更高、画幅更大、质量更好，让母版大气磅礴，如王勃所言：“落霞与孤鹜齐飞，秋水共长天一色。”

3. 注重大格局

大视野不等于大格局。要想充分发挥无人机摄影的优势，就要求摄影人在创作的时候有一个大格局，能够调动内心的灵感，充分挖掘自身的文化底蕴，强化对景物的认知，通过时间、空间、视角等的不同去布局，进行构图。“大格局”就是将“司空见惯”变为“独一无二”，让“偶尔一见”成就“浮想联翩”，如李忱感叹：“溪涧岂能留得住，终归大海作波涛。”

4. 注重大写意

无人机拍摄的往往是大场景，具体的景物很难写实，主题容易分散，主体难以突出。在拍摄时，要从大处着眼，构图不求精细，重点是注意神韵的表现和摄影人情趣的表达，做到在“形”之中有所蕴涵和寄寓，让“象”具有表意的功能，成为表意的手段，如陶渊明的情趣：“采菊东篱下，悠然见南山。”

第二章

无人机接片的基础框架

第一节　单元照片的排列模式

一、横列式——一行

横列式是最常见的一种模式，其技术要领是拍摄“一行”单元照片，使单元照片左右排列。

1. 横拍横列式

无人机靠机身左右旋转，拍摄多张单元照片的方式，为横拍横列式。

图 2-1-1

图 2-1-2

《互拜》（图 2-1-1），拍摄于东营市垦利区。使用横拍横列式，让无人机飞至一人多高，逆光拍摄。主体、陪体、环境分布得当，画面紧凑。两张单元照片左右排列（图 2-1-2），为突出主体，尽量虚化远处的物体。光圈为 f/2.8，快门速度为 1/2000 秒，感光度为 100，等效焦距为 24 毫米。

图 2-1-4

2. 竖拍横列式

垂直俯拍时，可以将机身横过来，让无人机向前直线飞行。这样可以改变传感器的角度，相当于使用照相机竖直拍摄，最后接片形成竖幅横向累加的效果，加大了画面高度，便于协调整体画幅的横竖比例。

这种竖拍横列式有局限性，只能在垂直俯拍时使用，但效果较好。拍摄两行嫌多、一行略显拥挤时，使用这种拍摄方式就可以解决问题。因此，在垂直俯拍时一般应使用这种拍摄方式。

《鸟瞰红旗渠》（图 2-1-3），拍摄于河南省安阳市林县红旗渠风景区。垂直向下俯拍时，如果拍摄单张照片，需要让无人机飞得更高，而且远距离拍摄会减弱画面质感。故使用竖拍横列式拍摄 2 张单元照片（图 2-1-4），接片后达到了预期效果。

图 2-1-3

二、纵列式——一列

纵列式技术要领是拍摄“一列”单元照片，使单元照片上下排列。

图 2-1-5

图 2-1-6

《大泽山下葡萄园》（图 2-1-5），拍摄于平度市大泽山某葡萄园。使用上下 6 张单元照片（图 2-1-6）接片，使俯拍、平拍、仰拍出现在一个画面中。场景中暗含的“之”字形线条和不远处的大泽山等景观层次丰富，使画面更具冲击力。

三、矩阵式——多行多列

矩阵式是指拍摄多行多列单元照片。矩阵式的母版由多行多列单元照片接片而成。

矩阵式是拍超大画幅的画面时必不可少的拍摄方式，也是无人机摄影最常使用的单元照片排列方式。矩阵式往往由十几张、几十张甚至上百张单元照片组成，能够比较到位地表现宏大的气势。尽管无人机的传感器画幅很小，但经矩阵式接片后，可以合成特大画幅的照片，其景物的细节要远远超出普通相机拍出来的效果。

拍摄时，先用无人机从左向右或从右向左横拍，拍摄多张单元照片，为第一行。然后，将镜头向上或向下移动，平行于第一行再拍摄一行，以此类推，形成多行、多列矩阵累加的效果。注意，“平行”是象征意义上的平行，每行所拍的景物应有重叠部分。

《壶口飞瀑激彩虹》（图 2-1-7），拍摄于壶口瀑布。单元照片呈 3 行 6 列矩阵式排列（图 2-1-8）。作为摄影人，作者已经多次来此“打卡”，每一次都能感受到“黄河之水天上来，奔流到海不复回”的气势，但使用无人机拍摄还是头一次。当日，太阳渐高，彩虹当照，不用矩阵式接片不足以表达出气吞山河的雄伟之势。

图 2-1-7

图 2-1-8

第二节 无人机接片的基本方法

一、单点旋转法

单点旋转法是无人机摄影时最常用的一种方法。这种拍摄方法是只使用一个机位，让无人机旋转拍摄（列与列拍摄靠机身旋转，行与行拍摄靠镜头俯仰）。左右旋转出的轨迹可以是一个弧，也可以是一个圆。也就是说，左右旋转的角度可以随意扩展，直至 360°。拍摄时，机位一般位于拍摄场景的中心。

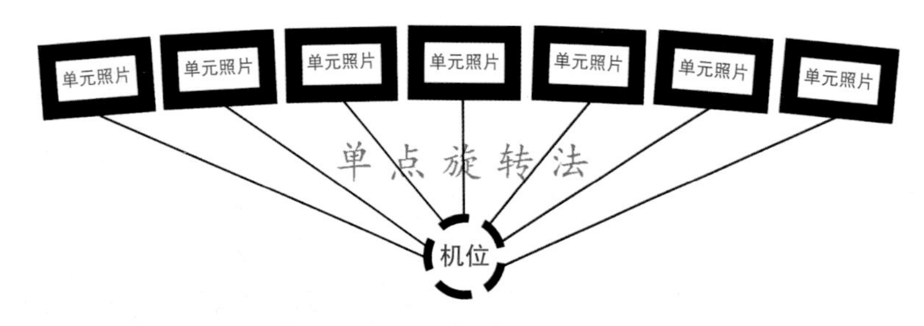

使用单点旋转法拍摄时，同一平面上的被摄物左右两边距镜头的距离要大致相等。无人机飞行高度要视需要而定，一经确定就要保持不变。然后，根据场景的大小合理地设置拍摄矩阵，确定单元照片之间重叠部分的大小，逐张拍摄。后期制作时，用软件拼接单元照片，合成母版。

使用这种拍摄方法时，要根据场景的实际情况选择机位，控制好无人机与被摄物的距离，合理控制画面畸变（特效创作除外）。因为对于近距离的物体来说，旋转拍摄会使物体与镜头距离越来越远，在画面中产生严重的透视变形。

单点旋转法最大的特点是适应性强，几乎在所有的场景中都可以使用，尤其适合风光摄影。只要掌握好技巧，这种方法几乎“无所不能”。

单点旋转法经常被用来拍摄大跨度的画面，加上无人机本身携带一个超广角镜头，可以将机位特色与硬件优势相结合，得到具有极强冲击力的画面效果。拍摄夸张的广告艺术片时经常使用这种拍摄方法。

图 2-2-1

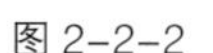

图 2-2-2

《湿地金晖》（图 2-2-1），拍摄于泰安市东平湖湿地公园。使用单点旋转法拍摄 3 行 7 列单元照片（图 2-2-2）。拍摄视角约 260°，使原本水平的桥和其他横向线条都不同程度地产生了畸变。利用画面中竖向流淌的溪流把整个画面分为若干局部。在初升的太阳光辉洒满湿地，溪面泛起片片亮光时拍摄，使照片中湿地的色彩更加耀眼。

二、多点横移法

多点横移法与单点旋转法不同，单点旋转法只使用一个机位，而多点横移法使用多个机位。拍摄时，无人机每移动一次机位，就要拍摄一张或多张单元照片。

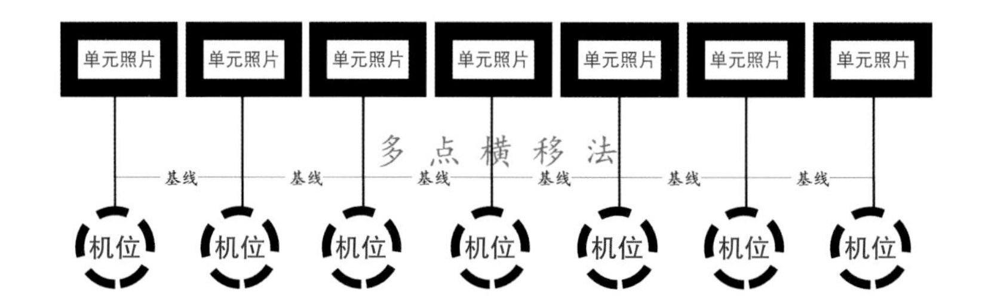

使用多点横移法拍摄能够保持原场景固有的形状，较为真实、客观地对场景进行还原，有效地抑制画面畸变。因此在后期制作时，无论是软件自动拼接还是手动拼接，都无须做扭曲变形，画面的像素没有拉动变化，母版的细节层次以及颜色都会有较好的还原度，图像的品质很高。

多点横移法的弊端是视差（从两个不同位置观察同一个目标所产生的方向差）大。由于使用了多个机位，多张单元照片之间会存在视差，特别是在纵深层次多、有较多物体的场景中，这种视差就更加明显。这会导致在后期接片时发生前后物体无法同时对齐的问题，例如将单元照片前面的物体对齐，后面的物体会相差很远；将后面的物体对齐，前面的物体会相差很远。拍摄时，无人机距离被摄物越近，这种状况就越严重，后期接片的难度就越大。

使用多点横移法拍摄对摄影人的要求较高，要保证多个机位的连线与被摄物平行，保持机位的间距一致，单元照片之间的重叠要稍大些。

多点横移法适用于拍摄没有纵深或者纵深较小的场景，比如拍摄中、近距离的平面物体，还适用于类似无人机全景预设的矩阵拍摄，特别适合垂直俯拍。

多点横移法接片的难度较高，但在实践中，有很多方法可以克服这些困难。本书第七章“无人机多机位、多母版接片”实际上就是多点横移法的具体操作方法。

图 2-2-3

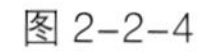

图 2-2-4

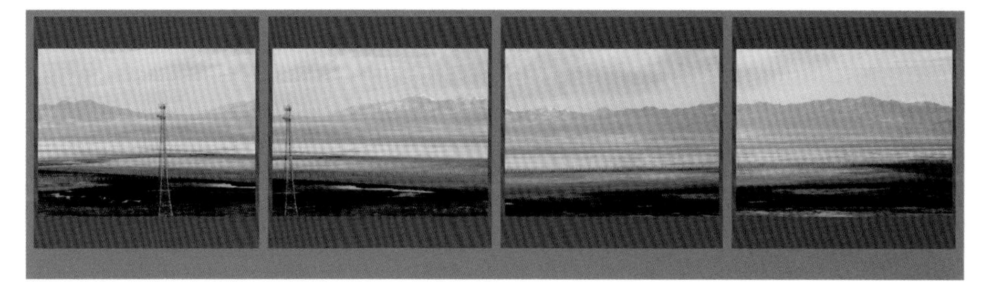

《柴达莽原祁连雪》（图 2-2-3），拍摄于京新高速某服务区。此处是丝绸之路上的重要结点。因距离雪山很远，使用 7 倍探索长焦镜头、多点横移法进行拍摄。在 4 个机位拍摄 4 张单元照片（图 2-2-4），机位间距约 30 米，飞行高度 80 米（海拔 2837.66 米）。光圈为 f/4.4，快门速度为 1/320 秒，感光度为 100，等效焦距为 162 毫米。后期制作时，进行局部内容识别与填充，适当裁切。

第三节　无人机接片的基本操作

一、“六一致”

除了对成片效果有特殊要求的情况，一般要做到各单元照片的“六一致”：光圈一致、感光度一致、快门速度一致、焦距一致、白平衡一致、同一行的各单元照片焦点一致。

曝光参数（光圈、快门速度、感光度）一致是以测得的平均曝光值为前提的。有时拍摄时间较长，场景中的光线会发生较大变化，甚至会从阳光明媚转到乌云密布，若这时我们还抱着固定的曝光参数不放，可能会导致接片失败。在这种情况下，我们可以对逐张单元照片进行准确测光、曝光，保证每张单元照片都拍摄成功。很多软件，尤其是 PS，校正无缝色调和颜色的功能能有效帮助后期接片，可以弥补一定程度内的曝光不一致问题。

1. 光圈一致

光圈影响景深，光圈不一致，景深也会不一致。后期接片时，相邻单元照片景深不一样，虚实相接，就会出现明显的接缝。

2. 感光度一致

感光度影响图像质量，决定图像中噪点的大小。单元照片的噪点不一，有大有小，接片时粗糙部分与精细部分相接，会产生明显的接缝。

3. 快门速度一致

快门速度直接影响照片中“凝固的瞬间”或“留下的运动轨迹”，高速快门与慢速快门拍出的动态效果不一样，接片后会产生明显的接缝。

4. 焦距一致

焦距决定了被摄物在画面中的大小，如果焦距不一致，势必造成被摄物大小不一，即使在后期能够将被摄物自动对齐，也会导致画幅的大小不一。

5. 白平衡一致

白平衡影响照片的基调。单元照片之间的白平衡不一致会导致色彩差异，接片时会产生明显的分界。

6. 同一行的各单元照片焦点一致

焦点决定景深的位置和画面的锐度范围。相邻的单元照片景深不一样，会导致接片时产生接缝。在拍摄过程中，最好使用带有半按快门作用的机械快门，对实焦点，以增强清晰度。要保证焦点的一致性时，推荐使用手动对焦（MF）。拍摄远景时也可以使用自动对焦（AF），因为这种情况下，各单元照片焦点距离大致相等。

“六一致”虽是无人机接片的基本要求，但在实践中，不能机械地照章办事。我们要在“六一致”的基础上，深入研究“不一致”，克服无人机接片的弊端，达到预期的结果。只有打破常规，才能不断创新无人机摄影的方法；只有发挥后期制作的优势，才能为无人机摄影提供更大的创作空间。例如，由于在行与行之间使用了不同焦点，全景深摄影法诞生了；由于运用了不同焦距，前后机位法诞生了（机位的前后，相当于焦距的长短）；由于使用了不同的快门速度，场景替换法诞生了……

二、注意事项

（一）构图

1. 选择合适的场景

无人机摄影与传统摄影一样，第一道工序往往是取景构图。不同的是，传统摄影靠取景框取景，而无人机摄影要靠人眼观察来取景。通过协调布局使画面构图严谨、完整、主题突出，是一项非常重要的基本功。

从画幅的取景范围来说，无人机矩阵式拍摄和接片适用于所有场景，但更适合大、中场景。

2. 横幅和竖幅

景物是客观存在的，选择横幅还是竖幅，应根据要表现的对象来定。

由于无人机的水平旋转角度大，可达 360°，而垂直旋转的角度相对较小，再加上人眼观看景物时也是水平视野较宽，因此选择拍摄横幅的较多。

不管横幅还是竖幅，母版的比例很重要。横幅比例一般有 3 ∶ 2，4 ∶ 3，12 ∶ 6，17 ∶ 6，24 ∶ 6 等，这些画幅比例基本上来自传统摄影。竖幅比例可参照横幅比例。

3. “四角定位”

大致确定拍摄图像的四个边缘，四个边缘一定要呈直线，这是构图的关键。我们可以以明显标志物为参考做四角定位。

取景时，要检视整个场景，找到可以让照片妙趣横生、充满美感的要素，如颜色、对称性、透视效果、质感等。拍摄前应反复观看、比较，选好拍摄角度，对要拍摄的景物有一个大概的构想。

4. 留出后期余量

一般情况下，由于后期制作时软件会自动对齐相邻单元照片并校正视差，因此很少会形成非常规整的矩形母版，我们需要对画面进行适当的裁剪，才能让画面达到理想的比例。因此拍摄的场景要比实际构图的大一些。

5. 根据构图确定需要拍摄的矩阵

母版是多张单元照片组成的，除了进行四角定位，还需要把画面有规律地分成若干等份，也就是需要设计拍摄多少行、多少列。

3 ： 2 画幅

4 ： 3 画幅

12 ： 6 画幅

17 ： 6 画幅

24 ： 6 画幅

（二）单元照片重叠的作用

可以按行拍摄单元照片，也可以按列拍摄。不管怎样拍摄，都要确保相邻单元照片之间有足够的重叠。

1. 提供更多公共区域

足够的重叠可以提供更多公共区域，以便后期制作时，软件匹配相同图像、控制点，进行自动对齐。

2. 弥补光损失

镜头中间的位置拍摄效果最好，镜头边缘，尤其四角会有光损失。而单元照片的重叠部分基本是由镜头边缘拍摄的，合成后最终使用的部分大多是镜头中间拍摄的优质成像，因此可以有效弥补单元照片的四角光损失。

3. 校正多机位产生的视差

后期处理时，单元照片的重叠部分不是对齐了所有像素，而是对齐了部分相同像素，没有对齐的是有视差的部分。图像处理软件的自动混合图层功能会扔掉没对齐的部分。拍摄时，视差越大，重叠的部分就应该越多。

4. 校正桶形、枕形畸变

畸变指画面中物体形状的变化，它是由透镜的放大率随光束和主轴间所成角度改变引起的。光线离主轴越远，畸变越大。畸变分桶形畸变和枕形畸变，长焦镜头会出现枕形畸变，广角镜头会出现桶形畸变。

单元照片重叠部分多，后期软件进行自动对齐的像素就多。在对齐过程中，由于软件要把相同像素对齐，不得不对单元照片进行自由变换、变形，这个过程恰好校正了畸变。

（三）保证接片成功率

1. 处理好相邻单元照片重叠比例

接片的关键是“接”，处理好相邻单元照片的重叠比例是实现完美接片的关键所在。

在实际拍摄中，相邻单元照片重叠的多少并非要绝对一致，但至少应达到 1/4。

2. 妥善选择单元照片参考物

拍摄不同列的单元照片时，边缘部分要尽量有带明显特征的标志性物体，便于确认重叠比例，进行对齐。取景时尽量横平竖直，确保单元照片“接得上”。

另外，上下行之间重叠的参照物最好在一条水平直线上，行数过多会让重叠参照物难以辨认，因此行与行之间的重叠比例一般也应达到重叠边边长的 1/4，甚至更大些。确定行与行之间的参照物时，我们经常会以地平线为参考基准，例如让同一行的单元照片上、下边缘与地平线的距离一致。

（四）确定单元照片的排列组合方式

单元照片的排列组合有列右移、列左移、行下移、行上移、列左右混合移、行上下混合移等多种方式。

无人机起飞后会自动水平，因此无须顾及列与列之间的单元照片是否平行，只要掌握好重叠比例即可。而无人机常用镜头的等效焦距为 24 毫米，一般拍摄 3 行就达到了视角极限。因此，最好按行拍摄。

拍摄时，往往以中间行为基准行（以正视视角拍摄），从左至右（或从右至左）拍摄一行单元照片。然后调整镜头俯仰，选择重叠比例，拍摄下一行（或上一行）单元照片。之后，按下无人机自定义 C1 键，让镜头恢复到基准行角度，在此基础上，调整镜头俯仰，再拍摄一行……

这种排列组合方式的优点是：

1. 容易把握基准行的位置，无人机内设的自动恢复功能可以保证基准行位置的准确；

2. 便于掌控行与行之间的重叠比例，只需调整每行的第一张单元照片与基准行的重叠比例，即可保持行与行之间重叠比例的一致。

以下是单元照片排列组合方式示意图。

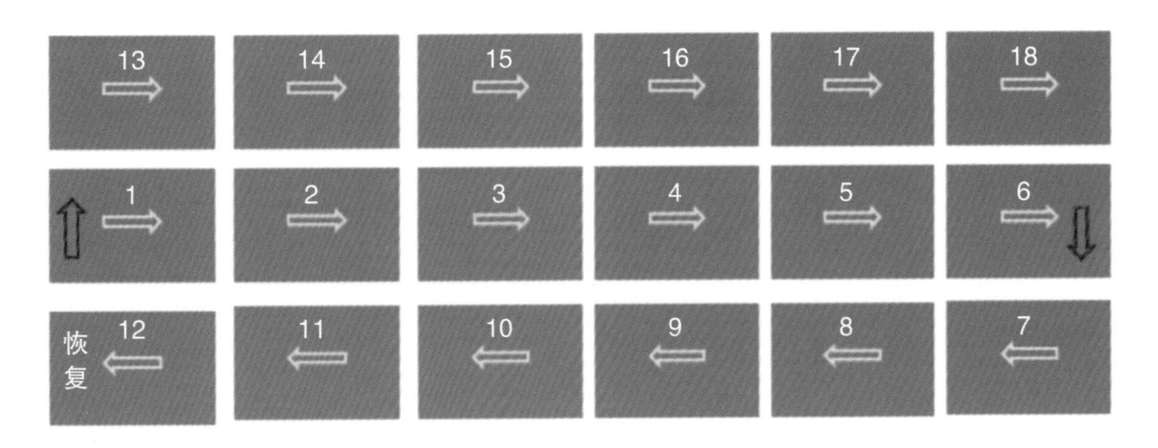

第四节　实战心得

一、化解实战中存在的问题

（一）照片模糊

1. 原因

（1）上一张单元照片没存储完就急于转动云台，拍摄下一张。

（2）无人机尚未完全稳定就急于拍摄。

（3）快门速度低，风大时容易使照片模糊，这使夜间拍摄尤为困难。

2. 解决方法

（1）给予设备更长的稳定时间。一般无人机需要停 7 秒才能真正稳定。

（2）使用机械快门进行对焦、合焦的全过程操作。

（3）如果光线不足，要提高感光度，以便获得更快的快门速度。

（4）注意防风，尽可能选择风力较小的天气或者背风地点进行拍摄。

（5）多拍几组单元照片，在后期接片时可替换使用。

（二）景深不足

1. 原因

（1）距离前景过近。在画面纵深很大的情况下，可能出现景深不足的状况。

（2）拍摄的场景内有动态物体。动态物体改变了单元照片的焦点距离，直接影响景深效果。

（3）单元照片间使用的光圈不一致。这会导致景深不一致，接片后出现明显拼接痕迹，突显景深不足。

2. 解决方法

（1）加大或压缩景深，充分利用“行与行之间的单元照片可以变换焦点”来把控景深。

（2）局部景物特别近时，对整体场景和局部场景可以分别拍摄、分别设置焦点，后期合成时再进行场景替换。

（三）单元照片缺失

1. 原因

这个问题会在自动对焦模式下出现，单元照片未完成对焦时就按下快门，会导致拍摄失败，此时直接转动无人机去拍下一张单元照片，会使上一张单元照片缺失。

（1）对应点少。单点对焦花费的时间较长，容易被误认为已经完成对焦。

（2）光线暗。光线越暗，对焦所需要的时间就越长，且弱光环境往往会导致自动对焦失败。

（3）对焦点对比度弱。对比度越强，对焦准确度就越高。

（4）动态的被摄物。被摄物的状态也会影响对焦是否清晰。对焦静态被摄物的准确度更高。

（5）单元照片在后期制作对齐时，重叠像素不足，被软件忽略。这种情况一般发生在有大面积天空、水域的单元照片上。

2. 解决方法

（1）使用手动对焦。手动对焦需要摄影人熟悉相应操作。

（2）注意快门的释放时机，确定一张单元照片拍摄完成后，再拍摄下一张单元照片。

（3）使用自动对焦拍摄天空、白墙等场景时，可以考虑使用手动对焦与自动对焦结合的方法。

（4）在无法对焦时，试着把对焦点放在对比度更高的区域上。

（5）可以重新导入被软件忽略的单元照片，进行手动对齐、合成。

（四）母版扭曲或单元照片错位

1. 原因

（1）无人机变化飞行高度时机位晃动，造成相邻单元照片对不齐。

（2）多机位拍摄，形成了视差。

（3）无人机与被摄物距离太近，被摄物产生较大畸变。

2. 解决方法

（1）熟练操控无人机，避免误打、误拨操纵杆，影响拍摄结果。

（2）尽量避免前景有太多垂直线条。PS 会自动对齐重叠处的相同对象，但场景中的垂直线条往往会被 PS 忽略。

（3）如果发生扭曲或错位，可以在后期合成时尝试变换投影方式。

（五）接缝处出现深色痕迹

1. 原因

接缝处的深色痕迹大多是由单元照片的暗角造成的，这会直接影响接片的质量。暗角是由单元照片边缘与单元照片中心的感光差异造成的。在暗光条件下，使用大光圈拍摄可能会导致出现较大暗角。

2. 解决方法

（1）暗光条件下尽量使用较小光圈，光圈越小，暗角越小。

（2）拍摄时加大单元照片的重叠比例，便于在后期接片中去除暗角。

（3）后期制作时，首先在 ACR 光学菜单中勾选“删除色差”和“使用配置文件校正”两个选项，然后改存 JPEG 格式，再进行接片。

二、不断增强实战技巧

在技巧层面，无人机摄影的可能性还远远没有被充分挖掘出来，有待摄影人不断摸索和探讨。

（一）室外拍摄要领

1. 检视整个场景

找到可以让照片妙趣横生、充满美感的要素，如颜色、对称性、透视效果、质感等。摄影人要对这些要素的位置、整个画面能够包含的场景等做到心中有数。

2. 选择合适的曝光参数

曝光参数一般采用整个画面的曝光参数中间值。先用自动曝光模式，在高光处和较暗处各曝光一次，它们的平均值就是单元照片的曝光参数中间值。

图 2-4-1

《湖畔》（图 2-4-1），拍摄于东营市翠湖公园。

3. 白平衡设置

根据天气情况手动设置白平衡，不要使用自动模式。

4. 顺光与逆光

拍摄场景有可能由顺光到逆光，如果局部有特别明亮的物体（如太阳），可以试着将它隐藏在一个物体后面。如果确实需要拍摄特别明亮的物体，可以完成整体画面的拍摄后再调整曝光参数，单独拍摄这个物体，并于后期进行局部替换。

5. 无人机稳定性

拍摄时要特别注意让无人机保持稳定，如果在拍摄某一张单元照片时发生抖动，整组图像就会作废。

《窗明几净迎客来》（图 2-4-2），拍摄于青岛市紫御观邸小区。

图 2-4-2

（二）室内拍摄要领

1. 保证安全

用无人机进行室内拍摄时可能出现 GPS 信号失灵的情况，此时要特别注意操作安全和现场人员的人身安全。尽量在较大场景下拍摄，就近选择能够直接落地的位置起飞、降落无人机。

2. 白平衡设置

室内场景可能混有多种光线类型。设置白平衡时，需满足照片中最重要的被摄物的光线要求。可将白平衡设置为钨丝灯或荧光灯模式，最好使用 K 值白平衡。

3. 校正视差

如果被摄物距离无人机镜头较近，那么视差会很明显。可以使用多机位拍摄，并增加矩阵中的单元照片数量，后期合成时进一步校正视差，同时还可以扩大场景空间。

4. 机位

在室内拍摄时，近大远小的透视会特别明显，要尽量选择距离主体左右大体一致的机位。也可以根据创作的需要反其道而行，利用透视关系，人为制造物体大小的强烈对比。

5. 焦点和景深

室内拍摄物距往往较近，合理把控单元照片的焦点和景深尤为重要。要尽量通过景深要素控制景深。特殊情况下，可以变换焦点重复拍摄某一局部，并在后期制作时进行局部替换。

6. 运动物体

如果场景内有运动物体，可以通过调整快门速度控制运动物体的呈现效果。也可以重复拍摄某一局部，并在后期制作时进行局部替换。

（三）城市场景拍摄要领

1. 运动物体

拍摄城市场景时需要更加关注运动的物体，特别是车辆和行人。如无特殊需要，一般不使同一运动物体重复出现在母版中。可以通过控制快门速度使画面景物动静结合；也可以单独补拍运动物体，并在后期制作中进行局部替换。

2. 控制建筑变形

尝试让无人机尽量远离建筑物，以便能够拍摄整个建筑。建筑主体与机位的最近点与最远点的距离之差很关键，差距越大，透视畸变越大。

3. 增加矩阵中单元照片的数量

可多拍一些单元照片，让单元照片之间的重叠尽量大一些。

4. 增加备份，保证拍摄效果

城市场景中常有运动物体，人有时会不合时宜地进入画面。为了确保画面效果，拍摄主体的单元照片时可以多拍几张。

图 2-4-3

《都市夜景》（图 2-4-3），拍摄于青岛市中央商务区。

图 2-4-4

（四）运动中的物体拍摄要领

整体场景与局部场景的拍摄不分先后，先拍哪个都可以，重要的是抓住动态局部场景的关键瞬间，而静态局部场景可以错时拍摄，容错余地较大。

1. 捕捉运动物体

拍摄时要全神贯注，以便能够抓住美好瞬间，如天鹅起飞等。同时，要在同一机位、同一场景中重复拍摄运动物体，以便在后期制作时形成运动物体的累加效果。

2. 重新拍摄整体场景

在后期制作时，将捕捉到运动瞬间的单元照片与整体场景的单元照片一起导入软件并进行自动对齐、局部替换。

《天高任鸟飞》（图 2-4-4），拍摄于青岛市。几十只和平鸽在一个方圆几千米的范围内绕圈飞行。先拍摄整体场景，使用纵列式拍摄 2 张单元照片（图 2-4-5）。

图 2-4-5

图 2-4-6

再拍摄局部场景。等到和平鸽再次出现时，拍摄 12 张局部单元照片（图 2-4-6）。后期制作时，把所有单元照片导入软件进行自动对齐，并将局部单元照片的混合模式改为“变暗”。

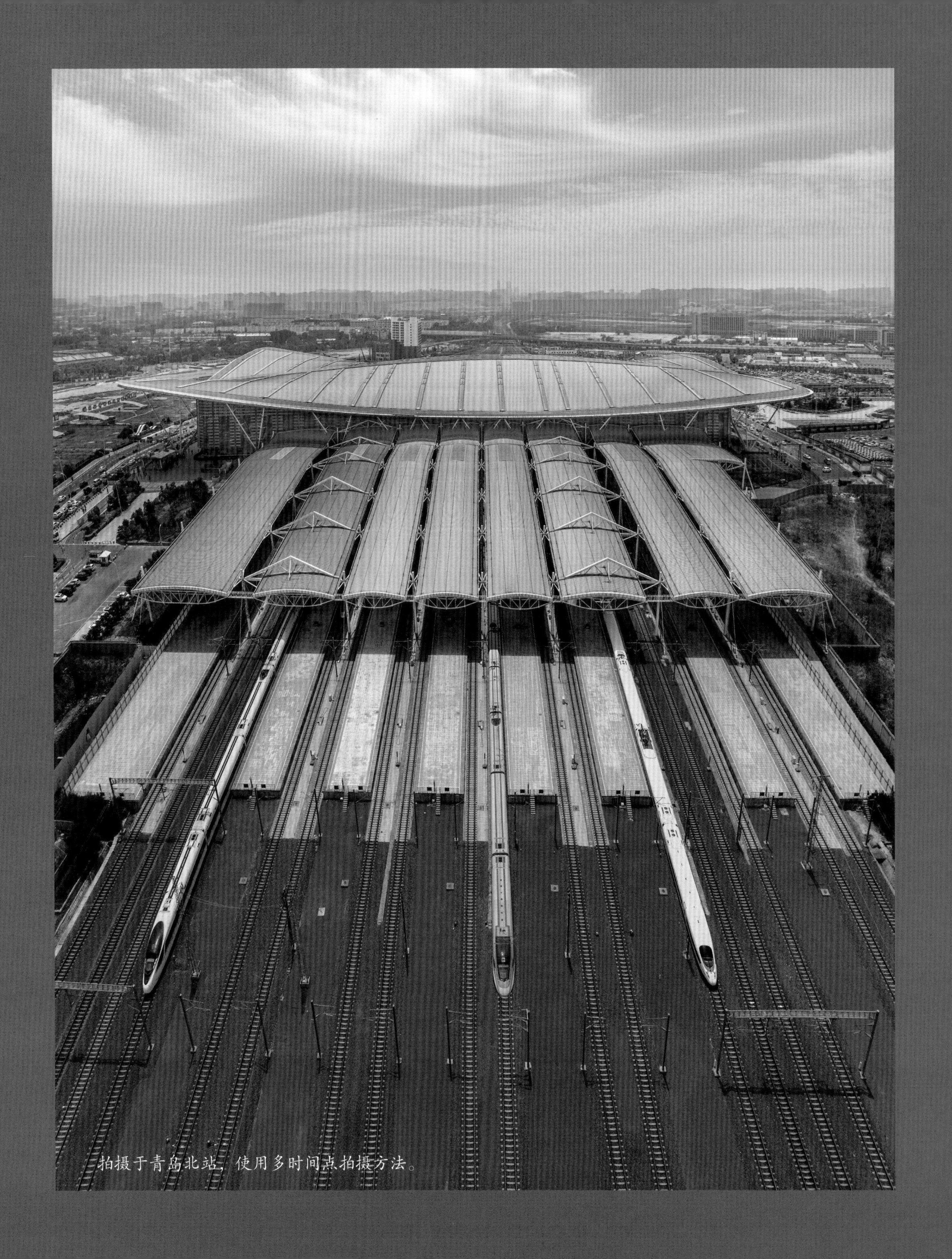

拍摄于青岛北站，使用多时间点拍摄方法。

第三章

无人机机位的分类

由于无人机有机动和灵活的特点，对它的机位的研究是每一位使用无人机的摄影人应当不断探索的课题。灵活运用机位，不仅能解决无人机摄影千篇一律的“高举高打”问题，还能制造惊喜，成就“会飞的照相机”的神话。

学习摄影，首先要改变自己的思维方式，从一种新的角度来思考问题。无论是使用无人机还是普通相机拍摄，摄影人都要赋予作品生命，赋予作品灵魂。摄影人要树立这样一个信心：在任何地方、任何情况下，针对任何景物，都可以拍出好的照片。

除限飞区之外，无人机可以在无比广袤的立体空间中飞行，这是无人机与普通相机相比的最大优势。研究无人机机位的分类，灵活选择无人机的拍摄机位，尤其是选择特殊机位，让无人机代替摄影人去想去而去不了的地方，看想看而看不到的视角，到想到而到不了的高度。因此，梳理、定义和划分无人机机位的分类，进而研究各类机位适用的拍摄主题、场景、技术要点等，是十分重要的。

从高度和构图要素角度分类，无人机飞行高度最高的当然是高空俯拍机位，次之是高空平拍机位，再下是一米之遥机位，最下是伏地拍摄机位。除此之外，还应该有手持拍摄机位。这几类机位的高度区间既有各自的范围，又有交叉。比如，凡是俯拍，无论高度如何，都归纳为高空俯拍机位；无人机距离被摄物较近时，无论飞行的高度如何，都归纳为一米之遥机位。

这套分类方式相对清晰且简单，更容易总结、提炼成一套适合实战的拍摄方法。这对于掌控无人机拍摄的核心要义，快速提高拍摄水平，具有非常重要的现实意义。

第一节 高空俯拍机位

高空俯拍就是利用无人机可以飞高的特点，让镜头向下，与地面垂直或接近垂直进行拍摄。高空俯拍的魅力在于它以人们非常陌生的视角去俯瞰世界，给观者新鲜感和震撼力。

接片技术让无人机不再是简单的眼睛的替代物，而是超越人类视角局限的观察景物的工具。它能让三维空间中的景物按照摄影人的主观意志重新组合，构成一个新的画面，带观者进入一个前所未有的世界。

（一）高空俯拍的作用

1. 改变了摄影人观察场景的方式

高空俯拍由常规摄影的横向扫描变成了纵向审视，重构了摄影人对景物的认知，让景物的样貌以人们不熟悉的形式留在作品之中。构图要素的重新组合对摄影作品的美学价值有着重要的意义。

2. 改变了观者的审美角度

高空俯拍作品能够给人带来神秘、新奇的感觉，让原本不足为奇的景物以别样的面貌出现在观者面前，引导观者去认知、辨识，从而产生引人入胜的效果。

3. 改变了图像中的图形

高空俯拍把常规摄影作品中的纵深立体图形变成了扁平化的图形，在这种观察视角下，物体边缘的线条不再交叉重叠，物体的边界更加清晰。它改变了物体之间原有的关系，原本巨大的景物会变得渺小，原本高速运动的物体会变得缓慢，原本杂乱重叠的景物会变得有秩序。

（二）高空俯拍的主题

能够进行高空俯拍是无人机摄影的最大优势。

进行高空俯拍时，最好选择那些气势恢宏的场面和震撼人心的题材，比如大江大河、田园、船舶等。在拍摄这些题材的时候，要注意构图，画面中的线条要明显，颜色色块要鲜艳明亮，这样才能加强画面的视觉冲击力。

（三）高空俯拍的注意事项

高空俯拍时，最好配合使用接片技术，把恢宏的题材与庞大的画幅有机结合起来，以便更好地渲染主题。

高空俯拍得到的画面往往主体不突出，重点容易分散，这是高空俯拍的弱点。因此，在拍摄时要充分利用光线、色块和景物的结构去构图，以达到突出主体的目的。

《厦屿摩肩比麦香》（图 3-1-1），拍摄于青岛市小麦岛及沿岸。由于要表现的场景横跨几千米，再加上镜头垂直俯拍，将无人机飞到最高（限高）也只能拍到局部场景。因此使用多点横移法拍摄 6 张单元照片（图 3-1-2），每张单元照片机位间距约 130 米，相邻单元照片重叠面积约 1/3。为了更好地记录景象，增强画面质感，将快门速度设置为 1/500 秒。由于无人机向下垂直俯拍不需要很大的景深，将光圈设置为 f/3.5，感光度为 100，并对焦在无穷远的位置。

图 3-1-1

图 3-1-2

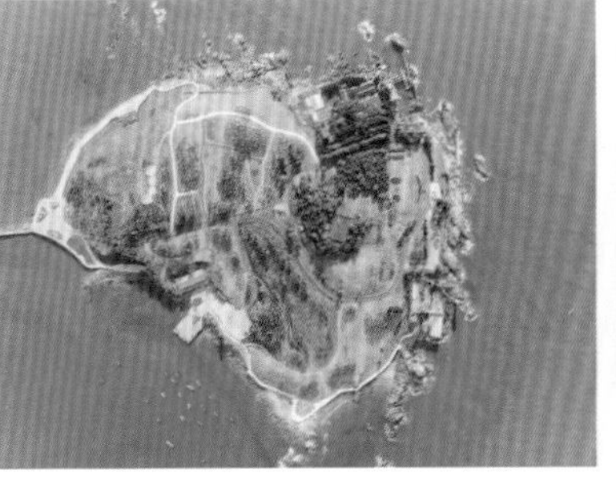
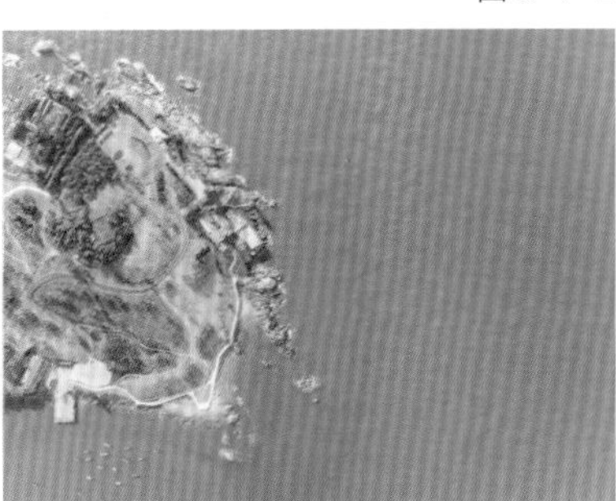

（四）实例解析

小麦岛是一个岛屿，只有一条堤坝与陆地相连。摄影人欲通过画面中的主体——小麦岛和沿岸高楼大厦的壮美景观，以及它们之间的地理位置关系，表达岛屿和陆地争相发展的景象，展现青岛市近年来发展的辉煌成就。

1. 拍摄要点

（1）高空俯拍既可以用于接片图像的拍摄，也可以用于单张图像的拍摄，但接片的效果更好。

（2）拍摄用于接片的单元照片时，不能使用单点旋转法。因为使用单点旋转法拍摄单元照片时，列与列之间的调整主要靠无人机自身的旋转。当无人机垂直俯拍时，无人机的镜头角度已被固定，无法再进行上下俯仰，机身旋转也只能是原地打转，不会增加场景。

（3）高空俯拍适合使用多点横移法。俯拍让场景扁平化，没有了纵深，也就没有了视差。没有了视差，后期制作时，图像就很容易自动对齐，并且单元照片之间相互重叠的部分不需要很大。

2. 注意事项

（1）拍摄单元照片时，机位的间距取决于无人机飞行的高度。无人机飞得越高，机位间距越大；无人机飞得越低，机位间距越小。

（2）拍摄时可以使用稍大一点儿的光圈，最好使用镜头的最佳光圈。无人机俯拍得到的图像压缩了空间纵深，不需要很大的景深，这使感光度和快门速度的调整空间更大。

（3）单元照片的焦点不能做过大的调整，以保证每个单元照片的景深一致，确保合成母版后，单元照片之间没有拼接痕迹。

3. 后期制作

尽管有 6 个机位，且每个机位间距较大，但由于垂直俯拍没有纵深，各个单元照片中的物体基本在一个平面上，视差很小，因此后期接片并不复杂。

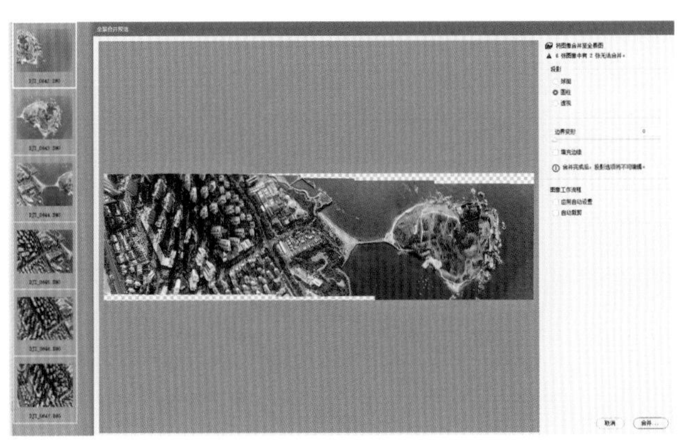
图 3-1-3

后期制作时，使用 ACR，投影方式选择“圆柱”，在窗口中查看合成的预览图（图 3-1-3）。

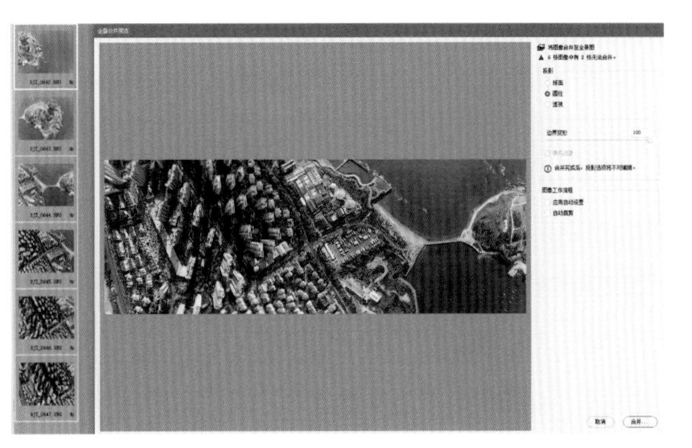
图 3-1-4

在同一操作窗口中拖动边界变形滑块至 100%，预览图中的透明处消失（图 3-1-4）。然后点击合并按钮，完成接片并保存。

图 3-1-5

进入 PS，打开刚才保存的图像，添加曲线调整图层（图 3-1-5），进行色彩还原。

图 3-1-6

添加色相饱和度调整图层，进行调整（图 3-1-6），完成。

第二节　高空平拍机位

高空平拍，顾名思义，就是让无人机在高空以平视的视角进行拍摄。当无人机的镜头与地面基本平行，拍摄到的景物的纵深感就较强，画面中的主体也会处于平视的角度。

高空平拍的视角也是人们既熟悉又陌生的视角，它很容易给人带来惊喜和震撼，所拍摄的画面具有较强的视觉冲击力。

使用高空平拍，依靠无人机在林立的建筑群中自由穿行的能力，择机切入复杂的地理环境并探视其内部结构，一改高空俯拍时拍摄画面扁平的劣势，使景物以人们熟悉的、有纵深感的样子出现，让摄影人能够重拾使用高空俯拍机位所丢弃的远中近、正侧背等构图要素。

高空平拍适合拍摄高大的建筑物，或表现高大物体的局部。

（一）高空平拍机位的作用

1. 减少照片中高大建筑的透视畸变

高空平拍让建筑以方方正正的形态出现在画面之中，让作为拍摄主体的建筑物更容易被突出。而灵活的机位让构图的选择有了更多的可能性。

2. 高度的特殊性

对观者而言，无人机在高空拍摄到的照片具有罕见的观察视角，能给观者以新鲜感，让观者以好奇的心态去审视和追踪作品。同时，让陪体以及环境以被俯视或仰视的状态出现，既有利于表现自身，又有利于烘托主体。

3. 为摄影人提供更多构图要素

摄影人可以借助无人机在高空中环顾场景，把控景物的正侧背方向，为创作虚实相间、动静相宜的作品提供先决条件。高空平拍的照片中的陪体容易发生畸变，如果利用得当，可以让画面形成强大张力，从而增加画面的视觉冲击力。

（二）实例解析

临近黄昏，最后一抹夕阳照耀着有“湛山清梵”之称的湛山寺。近看，佛塔生辉；远观，晚照璀璨。拍摄时，湛山寺的景观灯亮了，为画面增添了一份神秘色彩。

1. 拍摄要点

（1）控制无人机高度。要使主体以平视角度呈现，无人机高度要与主体高度一致。过高为俯拍，过低为仰拍，都不能很好地表现主体。

（2）控制无人机与主体的距离。无人机与主体太近，容易造成照片中主体变形；太远，又难以在照片中突出主体。

（3）主体在画面中的位置。该作品采用矩阵式接片，单元照片很多，角度跨度很大。摄影人在拍摄前要进行认真细致的谋划，使主体在画面中位于最突出的位置。

（4）打造亮点。一幅好的作品不能没有亮点。这幅作品的亮点有两个，一个是事前谋划好的，使用长焦镜头对太阳进行放大拍摄，再通过后期接片合成；另一个是意料之外的，在拍摄即将结束时，景观灯亮了，为了不错过这个难得的时刻，立即重新拍摄部分单元照片，成功记录下这个惊喜瞬间。

2. 注意事项

（1）尽量在整个场景光比不大的条件下拍摄。如果单元照片中顺光与逆光并存，可能因光比太大导致后期接片有一定困难。

（2）使用曝光锁定功能进行拍摄，保证各单元照片的曝光参数一致。

（3）进行多行矩阵式拍摄时，以中间行为基准行，基准行中的景物最好以正视角度出现。这样不但便于后期对齐接片，而且主体变形小，画面工整。

图 3-2-1

图 3-2-2

《晚照清梵待钟声》（图 3-2-1），拍摄于青岛市湛山寺。使用了高空平拍机位，让建筑物以端正威严的面貌出现在观者眼前。拍摄 3 行 7 列矩阵式单元照片（图 3-2-2），取景范围很大，视角的跨度达 264°，从顺光拍到了逆光。为了突出夕阳，使用长焦镜头并加大放大倍数，以太阳的光度测光曝光，对太阳进行了单独补拍。

第三节　一米之遥机位

一米之遥是一个拍摄机位的定义，其中“一米”不是绝对的距离概念，而是指一个微小的距离改变能带来让人耳目一新的成片效果。

无人机不仅可以用来航拍，也可以从较低的高度（如普通人视线高度）拍摄，甚至可以更低（低于人的视线高度）。

（一）一米之遥机位的作用

1. 让作品更有创造力

一米之遥机位不但让无人机摄影具备了常规条件下摄影构图的所有要素：俯平仰、远中近、正侧背、前景的搭建，而且为这些要素的重新组合创造了新的条件，让摄影的内容与形式、主体与陪体、环境与留白，统统变得简单且具有创造性。

2. 最符合人类视角的机位

一米很近，一米也很远。对于摄影人来说，一张出彩的照片往往就在于那“一米”。实际拍摄时，常出现两次拍摄机位变化不大，有时也就仅差一米，但所获得的作品却大不一样的情况。无人机机动灵活，能够或上或下、时进时退、忽左忽右，可以自由、无障碍地观察整个拍摄场景。这为摄影人找到最佳拍摄位置提供了前所未有的有利条件。

3. 让无人机优越的机动性有了用武之地

无人机镜头所呈现的场景既可以是静止的，又可以是运动的。近距离拍摄往往给人以真实和身临其境的感觉，因此一米之遥机位应该是摄影人使用最频繁、利用率最高的机位。这个机位能真正展现什么是“会飞的照相机”。

图 3-3-1

（二）一米之遥机位的应用

1. 展示场景纵深

对于纵深较大的空间，使用一米之遥机位拍摄可以把纵深表现得淋漓尽致，极大地减少被摄物之间的前后遮挡。实践证明，拍摄机位改变一点点，结果就大不一样。

《长队》（图 3-3-1），拍摄于青岛市邻里广场。使用一米之遥机位，拍摄 2 行 3 列单元照片并接片。

图 3-3-2

2. 改变画面视角

无人机取景的切入点十分灵活，可以在仰、俯、平视角之间轻松切换，简单快捷。探索如何快速找到与场景相匹配的最佳视角，一直是摄影人的重要课题。

《张腋以贺颂盛世》（图 3-3-2），拍摄于青岛市。作品中有很多线条和色块，拍摄主体是纵向排列的四位女士。如果使用普通相机拍摄，人物必定相互遮挡。而使用无人机一米之遥机位拍摄，人物之间拉开了距离，有了纵深，正面的拍摄视角将人物表情更加直接地展示出来，使张开的手臂线条更具冲击力，让构图更完整。

3. 剖析景物的形态结构

摄影人可以操控无人机在景物之间自由穿梭，不断寻找最能表现景物内容实质的场景，使镜头能够解剖景物、追踪事件的动态过程，使最终作品更有灵性。

《滨海新城》（图 3-3-3），拍摄于青岛蓝谷。使用一米之遥机位，让无人机靠近建筑主体，寻找最能表现建筑特征的角度，以夸张的透视展示建筑的结构。

图 3-3-3

图 3–3–4

4. 快速改变拍摄光位

当无人机在顺光环境中时，飞向一侧就变成了侧光，飞向对面就变成了逆光。有时，摄影作品中呈现的光位是摄影人苦于条件限制而做的无奈选择，而使用一米之遥机位可以非常简单地解决这个问题。

《晨练》（图 3–3–4），拍摄于青岛市李尉农公园。使用单点旋转法横列式拍摄 3 张单元照片，前景中的影子为画面增加了层次，并与阳光下晨练的人形成了鲜明对比。

图 3–3–5

5. 快速改变物体之间的位置关系

对于摄影作品来说，光影是灵魂，构图是骨架。而处理构图时，最重要的就是平衡画面中各个元素之间的关系。使用一米之遥机位能够让摄影人快速调整画面中物体之间的位置关系，使构图和谐、平衡。

《桃园》（图 3–3–5），拍摄于青岛市。站在地面上使用普通相机拍摄时，前景的树枝与主体（桃园）间有较大的天空空白，会使构图分散，“框而不架”。而使用无人机飞起约 2 米，这种构图上的分裂就不见了，画面紧凑、完整，构图框架也更明显，主体更突出。

6. 快速改变拍摄距离

拍摄距离影响景深，无人机携带的镜头中，最常被使用的是 24 毫米焦距的镜头，但这个镜头不利于制造虚实相间的画面。在风光摄影时，可以通过调整无人机与被摄物之间的距离来控制景深。另外，无人机能比普通相机更迅速地改变机位，运用一米之遥机位时，无人机更是可以在较短时间内飞达理想的位置。

《龙翻云飞炫朝晖》（图 3-3-6），拍摄于青岛市海边。使用上下 2 张单元照片接片而成，为了记录动态画面，使用 1/1000 秒快门，光圈为 f/2.8，感光度为 120。上方单元照片主要拍摄天空，天空的云层飘动较快，快门改为 1/30 秒，光圈改为 f/16，感光度改为 100，拍下云层流动轨迹，在后期制作时实现动静结合的效果。

图 3-3-6

第四节　伏地拍摄机位

伏地拍摄是在无人机距离地面半米以下进行拍摄时，可以不让无人机起飞，直接伏在地上（或伏在有一定高度的物体上）。这时，无人机只能上下旋转镜头，不能左右旋转机身。伏地拍摄是使用无人机进行仰拍时经常采用的机位。

图 3-4-1

伏地拍摄机位的作用

1. 从不同角度观察世界

人们在生活中看待周围环境的视角大致相同，很少会放低身姿，从另一个角度观察世界。变换一下观察角度，就能让乏味少变的景色变得新鲜生动。

《伏地方知千仞高》（图 3-4-1），拍摄于青岛市。这幅作品攻克了使用无人机制造浅景深的难点。使用伏地拍摄机位，拍摄上下 3 张单元照片。镜头从向下 70° 开始渐次仰起，最下方的单元照片完全处于虚焦状态，剩余 2 张单元照片正常对焦。接片后，画面虚实相接，相互衬托，更加突出了主体。

图 3-4-2

2. 夸张景物

配合广角镜头，使用伏地拍摄机位可以把特定主体夸张放大，比如把人物拍得高大，使之更有视觉冲击力。这个机位拍到的画面可以表现崇高、伟大等含义。

《执手之约》（图 3-4-2），拍摄于青州市。使用伏地拍摄机位，使人物身材更加修长。

图 3-4-3

3. 创造极低视角

用普通相机拍摄时，受制于摄影人的移动范围，会失去好多以极低机位拍摄作品的机会。伏地拍摄机位在实战中的使用率不高，但它的作用不可替代。摄影人受环境限制去不了某些地方的时候，或趴不下的时候，便可以使用这种机位控制景深，拍出虚实相间的作品。

《等候》（图 3-4-3），拍摄于青岛市。使用伏地拍摄机位，拍摄上下 2 张单元照片。先使镜头稍俯，然后使镜头稍仰，后期接片合成。

图 3-4-4

4. 制造虚实相间的纵深效果

使用伏地拍摄机位时，将无人机的镜头直接垂直向下，可以拍出虚焦的效果，然后再渐次仰起镜头，以俯平仰视角拍摄其他单元照片，接片后可以得到虚实相间的纵深效果。

《石径逶迤入桃林》（图 3-4-4），拍摄于青岛市桃花谷。使用伏地拍摄机位，拍摄 6 张单元照片。拍摄时镜头渐次仰起，俯得垂直，仰得到位，形成很大的纵向拍摄角度的变换，增加了画面的视觉冲击力。

5. 造成视觉误差

使用伏地机位拍摄悬空的物体时，比如拍摄跳高的人或者跃起的鱼等，可以制造出视觉误差，夸张悬空高度。这样拍出的画面动感极强，能给观者带来视觉快感。不过，当前民用无人机的高速连拍功能较弱，摄影人需要熟练掌握拍摄技巧，才能保证成功率。

图 3-4-5

《腾空而起》（图 3-4-5），拍摄于青州市。选择一个高处，让人物跳起腾空，连拍数张单元照片。后期制作时，有意隐蔽凉亭基座，造成视觉误导，凸显跳跃的高度。

第五节　手持拍摄机位

手持拍摄就是摄影人用手拿着无人机进行拍摄。

无人机是个飞行器，摄影人却手持它进行拍摄，听起来有点儿离谱，但这是实践中少不了的拍摄方法。没有这样的机位，有些场景就无法被拍到，有些作品就无法实现。

由于无人机旋翼性能的限制，无人机与被摄物不能过近，因此拍摄极近景物与较小景深的画面时，需要摄影人手持无人机进行拍摄。无人机与普通相机一样，有固有的拍摄死角。要想拍到全方位的立体空间，无人机必须做到机身旋转 360°，镜头上下俯仰 180°，而目前无人机的性能还不能满足这样的要求。当下民用无人机还做不到全方位拍摄，特别是无法向上 90° 仰拍。为了解决这个问题，手持机位应运而生。

无人机手持机位可以增大无人机拍摄的范围，让全方位拍摄成为可能。

应用实例

1. 室外拍摄

场景中，现代山村、茶园、水库并存，春意盎然，地铁线穿行其中，天空中太阳周围环绕着光环，景观独特。就构图来说，围绕太阳的光环是整个画面的点睛之笔，无论是诠释主题还是设计构图，这个光环都不可或缺，必须完整地将它拍下。

《光耀山村》（图 3–5–1），作者张建华，拍摄于青岛市崂山区庙石村。拍摄天空部分时是 11：06，太阳高照，但受到无人机镜头仰拍角度限制，无法完整拍下太阳的光环，于是使用手持拍摄机位补拍。

图 3–5–1

2. 室内拍摄

场景中，民宿房间文雅精巧，门廊、门厅南北舒展，餐厅南北相通，室内、室外景观交融。尤为引人注目的是楼栋中央的客厅，虽无雕梁画栋，但却清新不落俗套。

图 3-5-2

《客舍情丝凝瞬间》（图 3-5-2），拍摄于青岛市即墨区田横岛某民宿。使用无人机一米之遥机位，选择全景模式中的球形模式，拍摄 25 张单元照片。无人机自动合成的母版中，仰拍部分有拍摄死角，吊灯、棚顶、灯池都不能完整入画。为了弥补画面的缺失，手持无人机补拍 7 张单元照片。

第四章

无人机摄影的全景预设

摄影技术出现以后，全景摄影也随之而生。如今，全景摄影不再是专业摄影人才能掌握的技术，广大摄影爱好者使用新型相机、无人机、手机等设备，加上后期软件帮助，也可以获得生动的全景照片。

全景照片简称为全景。简单地讲，全景指的是画面具有比人的双眼的正常有效视角更大的视野范围。

所谓全景摄影，就是使用照相机分区拍摄并接片的摄影方法。前期拍摄多张单元照片，后期通过软件拼合成一张母版。只不过使用普通相机拍摄时，普通相机的内置软件不能把单元照片自动接片合成母版，而使用无人机的全景预设完成拍摄后，无人机的内置程序会按照一定的计算逻辑自动生成母版。确切地说，无人机的全景摄影就是把从固定的拍摄角度拍摄的固定张数的单元照片自动接片并生成母版的一系列操作。

无人机全景摄影适用于超宽幅、超长幅的大场景拍摄，特别适合展示城市建筑群。无人机机位的灵活性也给全景摄影带来了巨大的优势，具体操作因预设而变得极为简单。大疆御 3 无人机更是具有一键全景功能，我们只要在显示器上轻点手指，无人机就可以自动完成全景拍摄，轻松输出亿级像素大片。

无人机内置的四个全景预设（180°、广角、竖拍、球形）的拍摄结果均由两个部分组成。

一个部分是母版照片。无论使用哪一个全景预设，拍摄后无人机内置程序会在“100MEDIA”文件夹中自动生成一个 JPEG 格式的母版，这个母版的尺寸基本上是原大小的，只不过因为 JPEG 格式的属性限制，这个格式的图像含有的信息比原始格式的少很多。同时，这个母版也可以作为示意图供摄影人回放浏览，以便快速确定是否需要重新拍摄。

另一个部分是单元照片集合，程序会在生成母版的同时保留所有单元照片。不同的全景预设会生成不同数量的单元照片：180° 全景预设生成 21 张单元照片，广角全景预设生成 9 张单元照片，竖拍全景预设生成 3 张单元照片，球形全景预设生成 25 张单元照片。程序还会自动建立一个与母版同名的文件夹，将单元照片存入其中。这个文件夹位于“PANORAMA”文件夹中。单元照片可以是 JPEG 格式，也可以是 RAW 格式，这取决于拍摄前的设置。一般情况下，应把单元照片的存储格式设置为 RAW 格式，这是因为已经有了 JPEG 格式的母版，因此不必将单元照片储存为同一种格式。RAW 格式是一种原始的、未经处理的图像文件，保留的图像信息更多、更全。后期制作时可以使用 RAW 格式的照片获得品质更高的母版。

第一节　180° 全景预设

180° 全景拍摄是让无人机机身横向转动 180° 并拍摄 3 行 7 列矩阵式全景。每一张单元照片的拍摄角度、拍摄顺序都是预设好的。拍摄完成后，无人机的内置程序会自动合成一个 JPEG 格式的母版，母版比例约为 12 ： 6，画幅很符合我们的阅读习惯，能够较好地表现场景的大气势、大格局、大写意。同时，它还能保留 21 张 RAW 格式或 JPEG 格式的单元照片。180° 全景预设是实战中最实用的全景预设。

180° 全景图有一个很大的优点，那就是能够把周边的景物“一眼打尽”。一旦把那种苍穹般邈远、浩瀚、深邃的胜景装进画面，就会产生动人心魄的鸿篇巨制！

无人机 180° 全景预设的优势在于能自动生成母版，这能够让摄影人直接观看全景照片的构图、曝光、对焦等效果。如果需要更高质量的母版，还可以使用 RAW 格式的单元照片在后期重新合成母版。

一、180° 全景的拍摄方法

1. 选择 180° 全景预设

无人机起飞后，在菜单栏中选择“全景”，再在全景中选择“180° ”。注意：无人机起飞前不能选择全景预设。

2. 设置单元照片的存储格式

单元照片的存储格式至关重要，只有将拍摄程序调整到“全景”菜单下，才能选择单元照片的存储格式。具体操作是：点出显示器下方的图像格式，然后切换。RAW 格式与 JPEG 格式的切换只适用于单元照片，与程序自动生成的母版无关，因为自动生成的母版是一个二次合成的图像，不可能再转存为 RAW 格式。一般情况下，应将单元照片的存储格式设置为 RAW 格式，这时显示器中的信息会显示为“RAW + JPEG”，只要不对无人机进行版本更新，或者不做出厂设置恢复，照片会一直以这个设置进行储存。

3. 拍摄

按下快门，无人机机身和镜头会按照预设的拍摄顺序转动，进行拍摄。

二、拍摄 180° 全景的注意事项

1. 单元照片拍摄顺序

180° 全景由 3 行 7 列单元照片组成，拍摄从矩阵的中心开始。按下快门前，镜头无论朝向何方，拍到的第一张单元照片一定会归位正视角度。随后完成第一列的拍摄，然后拍摄第一列左侧的三行三列，再拍摄第一列右侧的三行三列。下图为单元照片拍摄顺序示意图，第一张单元照片处于整个矩阵最中心的位置。

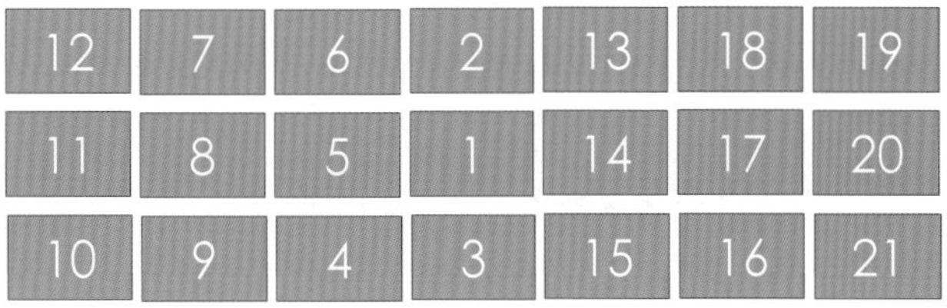

12	7	6	2	13	18	19
11	8	5	1	14	17	20
10	9	4	3	15	16	21

2. 设计主体位置

拍摄 180° 全景与单片拍摄不同，需要摄影人在脑海中构思好第一张单元照片与主体的位置关系。第一张单元照片位于 21 张单元照片的中心，第一列位于整个矩阵的中间。因此，当想要把主体放于画面的右侧时，需从主体的左侧开始拍摄。反之亦然。

3. 镜头的归位方法

取景时，一定要先把镜头归位，调整为正视角度，归位镜头的方法是：按动“自定义键 C_1”按钮（显示器背面左侧的按钮），镜头会先转到垂直俯视角度，再按一下该键，镜头完成归位，回到正视角度。

4. 构图的弊端

由于矩阵的中间一行均为正视角度拍摄，上下两行以此为基准排列，因此拍出的全景照片往往会形成天际线上下均等的 1/2 构图。这是使用无人机全景预设时经常会碰到的构图弊端。解决这个问题的方法如下。

（1）设法使画面中的某些景物跨越地平线，打破构图上下均等的态势。

图 4–1–1

《历史与现代的对话》（图 4–1–1），拍摄于青岛火车站站前广场。高楼冲出地平线，在视觉上打破了上下均分的构图。

（2）使用前后机位或者上下机位多拍一组单元照片，通过接片增加画面下部的场景。

图 4–1–2

《黄金天地》（图 4–1–2），拍摄于青海省茶卡盐湖。使用前后机位拍摄两组 180° 全景照片。后期制作时，将后机位最下一行 7 张单元照片与前机位 21 张单元照片一并对齐，拼接到一起，增加地平线下方的画面，改变构图比例关系。

（3）拍摄的场景大于主观构图的场景，给后期裁切画面和调整构图留出空间。

图 4-1-3

《天空之镜》（图 4-1-3），拍摄于青海省茶卡盐湖。通过后期裁切解决上下均分构图问题。

三、180° 全景预设的特点

1. 横向视角大，畸变大

大疆御 3 无人机机身可旋转 180°，加上等效焦距为 24 毫米的镜头，横向拍摄的视角可达 264°。由于近大远小的透视原理，直线形的被摄物很容易产生畸变，且畸变的程度可能十分夸张。使用 180° 全景预设时，控制畸变是重要的拍摄技巧。这个控制既包括抑制畸变，也包括利用和扩张畸变。

2. 自动生成的母版图像有压缩

180° 全景预设自动生成的母版在图像大小上有一定压缩，在画面尺寸上也有所裁切，母版的尺寸为 72 分辨率，宽 14400 像素，高 6020 像素。而使用 21 张单元照片在专业软件中接片时，对不规则的上下边缘进行适量修补后，最终能得到比自动生成的母版大很多的照片。

3. 拍摄后自动归位

180° 全景预设中有一个机身镜头归位动作，这对于构图取景十分有用。一组照片拍摄完成后，无人机机身及镜头一定会回到拍摄第一张单元照片时的位置。此时可以回放母版，如果拍摄效

果不够理想，可以在归位的基础上进行微调，比如旋转一下机身或调整一下高度，二次取景后再进行拍摄。

4. 稳定性好

无人机仿佛自带三脚架，能自动保持机身水平。大疆御 3 无人机的防抖功能非常理想，一般在 12 米 / 秒的风力下，它都能保持长时间稳定悬空，以满足拍摄的防抖需求。

5. 母版可以作为单元照片

全景母版可以作为单元照片使用，用以扩大场景和控制畸变。可以拍摄若干这样的母版，通过后期接片形成更大的母版。

四、应用实例

1. 室外拍摄

《游轮之家》（图 4-1-4），拍摄于青岛国际游轮母港。该场景的前景很宽、纵深很大，能给人以陌生感、故事感，故使用 180° 全景预设拍摄。但无人机自动生成的母版中少了许多元素，没有很好地表达主题。后期使用专业软件重新拼接单元照片。最终作品中，左侧增加了楼房，前景增加了系泊的船只，形成了框架式构图，使画面更有层次，主体更加突出，很好地还原了当时的景象。

图 4-1-4

2. 室内拍摄

室内场景很适合使用 180° 全景预设。不过，室内拍摄时无人机定位系统常常失效，无人机非常容易被强制切换到姿态模式。又因为室内空间狭小，我们不得不关闭避障系统，因此摄影人必须谨慎操作。

图 4-1-5

《港湾》(图 4-1-5)，拍摄于青岛市。使用 180° 全景预设拍摄 21 张单元照片，无人机飞行高度是室内高度的 2/3，色温设置比场景色温略高，让作品呈暖色调，体现家的温暖。打开吊灯，用柔和的灯光表现家的温馨。

第二节　广角全景预设

广角全景属于一种特殊的全景形式，可以很好地表现画面的畸变。

广角全景预设通过接片来模拟超广角镜头的效果，拍摄 3 行 3 列的矩阵式单元照片，然后自动合成一个 72 分辨率、8000×5760 像素的母版，画面比例约为 4 ∶ 3。其合成母版所采用的计算方法和计算逻辑，除了模拟超广角镜头的一些特性外，更侧重加大拍摄场景和增大画幅像素，夸张画面畸变和边缘变形。拍摄结束后，机身和镜头都会回到拍摄第一张单元照片的位置。

拍摄广角全景时以矩阵中心的单元照片为第一张单元照片，然后拍摄中间一列上下两张单元照片，再拍摄其他两列。与 180° 全景预设不同的是，广角全景预设的第一张单元照片的拍摄视角为无人机机身和镜头当下所在位置。因此，摄影人可以合理布局画面的结构，按照创意进行构图，避免上下均分构图。

一、广角全景预设的特点

1. 纵深感更强

无人机镜头本身就是一个广角镜头，而广角全景预设能在广角镜头的基础上为摄影人提供更具纵深感的画面。

2. 视角宽，景深也很深

因为母版由 9 张单元照片组成，所以广角全景预设的拍摄角度比单张照片要大得多，这就为多焦点拍摄、清晰再现主体前后的景物等需求提供了更大的操作空间。同时，它能制造更大的景深，使主体的前后对比更强烈，有利于增强画面的感染力。

3. 恰当地变形

被摄物越是靠近镜头，在画面中越容易变形。广角全景照片四周的景物容易变形，但有时候这种变形能更好地突出主体。

二、拍摄广角全景的技术要点

因使用广角全景拍摄的场景宽广、宏大，容易导致画面主体分散。因此，摄影人必须从大处着眼，在注重细节层面的同时，以宏观思维关注整体构图。

1. 找到画面当中的亮点

亮点就是要突出的主体，找到亮点是提升拍摄成功率的重要条件。

2. 关注画面纵深

适当调整无人机的悬停高度，并寻找使各元素合理分布的构图方式，让画面的层次更丰富。

3. 大胆夸张

利用透视变形，拍出具有独特效果的作品。

4. 注重留白

使用广角全景预设时，很容易使画面因内容繁杂而失去美感，因此摄影人在拍摄时要注意利用天空、水面等元素制造留白。

5. 框中有框，善用框架式构图

以阴影或者建筑物的外观作陪体，形成“框中框”。如果前景距离镜头过近，就会产生严重变形，遇到这种情况时，可以使用多点横移法再拍摄一组广角全景照片并接片。

6. 利用光线烘托主体

拍摄时要合理计划时间，耐心等待，等到光线打到主体上再按下快门。使用区域光也是一个不错的选择。

第三节　球形全景预设

球形全景预设是大疆无人机的一个重要功能，能够完成几近 720° 全视角的接片。球形全景预设设置了 25 张单元照片，其中 3 行 8 列是矩阵式单元照片，另外 1 张是垂直俯拍单元照片。由于球形全景预设的 360° 闭合式结构设计，单元照片矩阵最右侧的 3 张单元照片是其所在行的起点，也是终点。

球形全景预设把无人机作为中心（球心），采集了周围环境（内球面）的 25 张单元照片，无人机处理器以球形几何关系自动进行拼接，生成母版（平面展开图）。

但是，由于无人机仰拍有很大的死角，因此接片得到的平面图并不完整，无人机在自动拼接生成母版时，会以内容识别填充的方式进行填补，模拟出整体场景。因为死角部分是程序智能填充的，会导致一些场景的填充效果不理想，给人不真实的感觉，甚至会出现明显的痕迹和瑕疵，大都不能使用。

因此，最好在拍摄时通过手持拍摄机位补拍死角处拍不到的场景，再通过后期制作完成一个 720° 场景。

大疆御 3 无人机球形全景预设的单元照片拍摄顺序如下图。

拍摄时，无人机的内置程序是以第一张单元照片为基准对其他单元照片进行排列组合的，在生成母版时，也是以第一张单元照片为基准片进行自动对齐、合成的。因此，无论是前期拍摄还是后期制作，基准片都很重要。

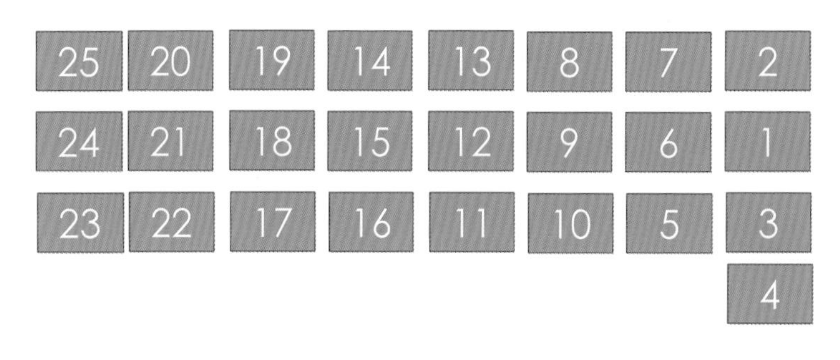

后期制作时，以不同的单元照片作为基准片，会出现不同的平面展开图，但以第一张单元照片为基准片的效果最好。

球形全景预设的用途广泛。用作售楼广告，便于让顾客直观地看到各个房间的图像；用来拍摄集体照，摄影时让人们围站一圈，可以一气呵成，简单迅速。

一、球形全景接片技巧：使用 PTGui 接片

后期制作时，使用 PTGui 进行接片。PTGui 和 PS 一样，都是用来进行后期制作的软件，只不过它更适合球形全景接片。使用 PTGui 可以快捷方便地制作出一张完整的球形全景展开图。它能自动读取单元照片的镜头参数，识别图片重叠区域的像素特征，然后以“控制点”的形式对图像进行自动拼合，并进行图片的优化、融合。

《极目天地浩苍穹》（图 4-3-1），拍摄于青岛市黄岛北枢纽立交。天格外蓝，云朵像一片片洁白的风帆，在湛蓝悠远的天空中逍遥自在地遨游。太阳西下，绚丽多彩，最适合记录这样独特美景的拍摄手法，就是球形全景。将无人机拍摄模式切换到“全景”，选择“球形”，进行拍摄。然后估算镜头死角，使用手持拍摄机位进行补拍，拍摄 7 张单元照片。

图 4-3-1

使用 PTGui 合成球形全景图的操作方法

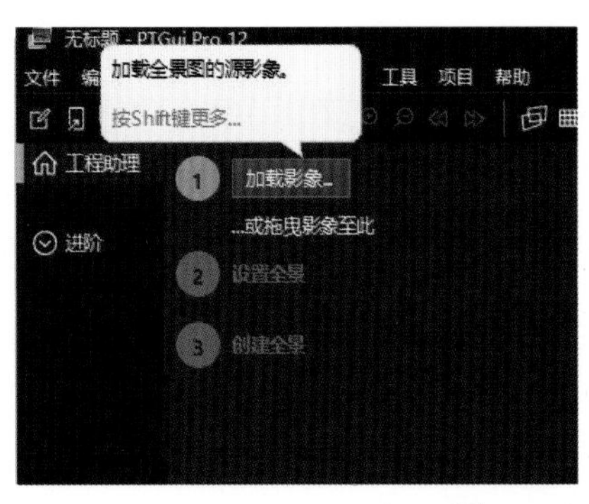

图 4-3-2

图 4-3-3

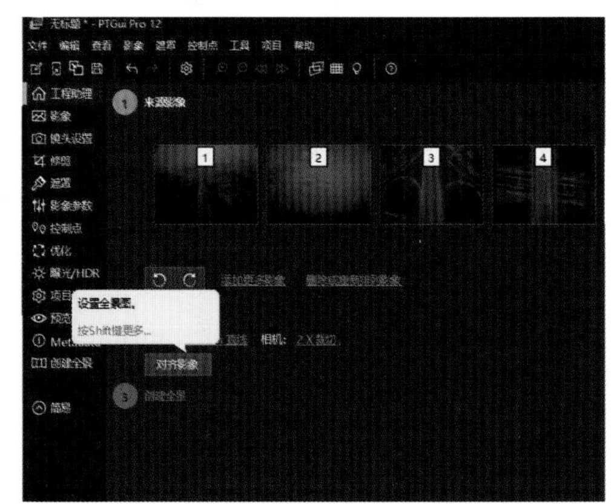

图 4-3-4

1. 打开 PTGui，点击“加载影像”（图 4-3-2）。

2. 找到需要合成的单元照片（图 4-3-3），点击“打开”，将照片导入。

3. 点击“对齐影像”（图 4-3-4）。一般来说，对齐结果都比较完整。在这一步，还可以按图片标号进行控制点调整。

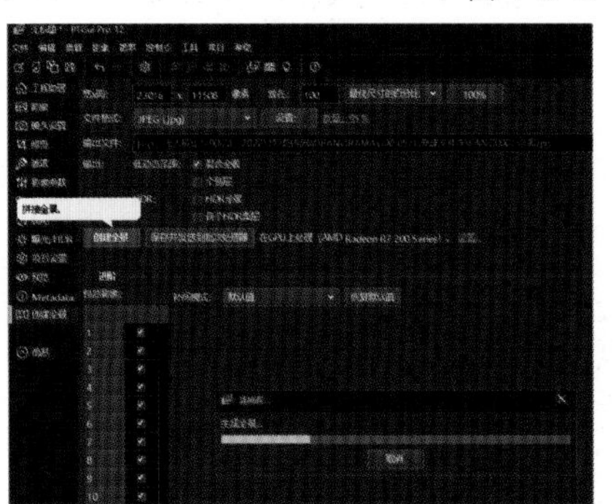

图 4-3-5

4. 点击“创建全景”（图 4-3-5）。此时要耐心等待一会儿，稍后会形成一个 12 ：6 的画面。如果前期没有补拍镜头死角部分，全景画面中的缺失部分会显示为黑色。

5. 合成后，使用 3D 图片浏览软件（图 4-3-6），就可以观赏到非常大气、壮观的景色了。

图 4-3-6

二、球形全景接片技巧：使用 PS 接片

后期制作时，使用 PS 进行接片。因为图像的两端在 3D 图片浏览软件中会无缝衔接，所以球形全景图两端的色调、明度等都要一致，不能产生拼接痕迹。

《星夜广场》（图 4-3-7），拍摄于青岛五四广场。画面中心是一处集草坪、喷泉、雕塑于一体的休闲广场。夜幕降临时，以鸟瞰的视角观赏更为壮观、震撼。使用球形全景预设能强化这种壮观之美。注意，使用球形全景预设拍摄的平面画面把广场上大型雕塑拉直了，已经看不出雕塑原形，只有在 3D 图片浏览软件中才能展现它应有的风采。

图 4-3-7

使用 PS 合成球形全景图的操作方法

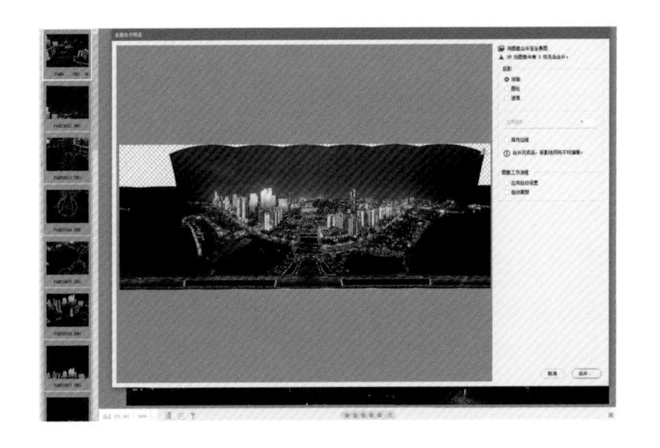

1. 全选 25 张单元照片，导入 ACR 进行全景合并，投影方式选择“球面”。

2. 进入 PS，将画布比例调整为 12 ∶ 6，这时可以看到画面上部缺失了很大一块。

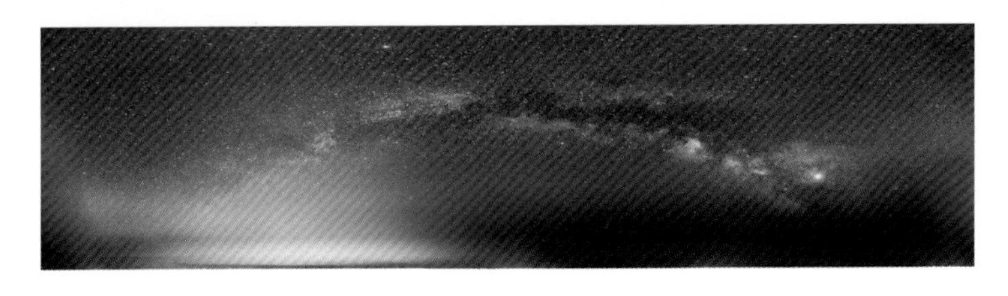

3. 寻找一张星空素材照片，用来填补画面上部的缺失。

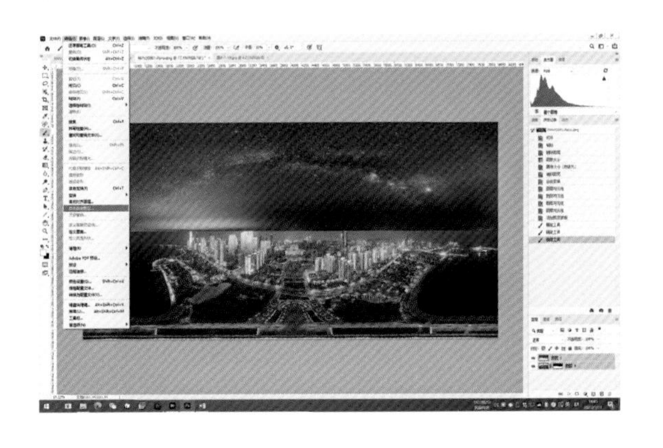

4. 进行手动接片，合成拍摄的照片与素材照片。

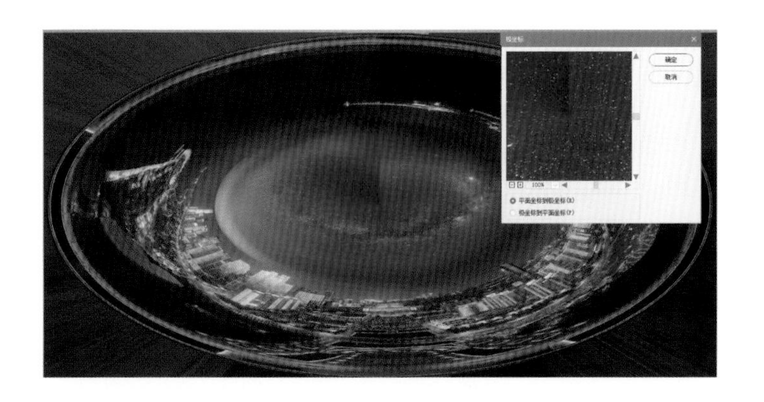

5. 依次选择 PS 菜单中的“滤镜”“扭曲”“极坐标”，在极坐标对话框中勾选“平面坐标到极坐标”。使用仿制图章工具，让接缝处的明度、色彩趋于一致。

6. 依次选择 PS 菜单中的“滤镜”“扭曲”“极坐标”，在极坐标对话框中勾选“极坐标到平面坐标”。

7. 至此，球形全景展开图完成，但需要通过 Devalvr（3D 图片浏览软件）来观看，才能欣赏到立体效果。

8. 对比添加了星空素材照片和未添加星空素材照片的效果可以看出，合理使用后期素材可以更加突出画面主题。

三、球形全景图平面图的使用

值得一提的是，球形全景图不但可以导入 3D 图片浏览软件，让人体验全视角的景色，而且可以作为平面图片使用。

需要注意的是，拍摄时不能将画面的主体放在垂直俯拍的位置，否则画面会严重变形，不通过读图软件无法识别被摄物，只能将其裁切、舍去。

《铁骨柔情》（图 4–3–8），拍摄于青岛市金水路。直接使用球形全景图的平面图表现大桥的雄壮之感。从画面构成看，一条条温柔动人的曲线宛如一位多情的女子，给原本钢筋铁骨的“硬汉”（大桥）增添了一丝温柔气质。使用球形全景预设拍摄 25 张单元照片。后期制作时，对球形全景图的平面展开图进行了适当裁切，将其作为一个平面图使用，使画面诡异中透着真实，极具震撼力。

图 4–3–8

四、3D 图片浏览软件的其他使用方式

球形全景图除可在 3D 图片浏览软件中观看以外，截图使用也是一个不错的选择。

球形全景图很特殊，使用读图软件能够进行多方位、多角度地观看。在使用读图软件观看球形全景图时，滑动鼠标到适当位置，然后对画面进行截图，经常会有意外收获。

有很多软件可以读取球形全景图，并将其转换成三维球形全景图，但效果相对较好的是 DevalVR Player 软件。它是一款免费的 3D 图片浏览软件，用它来查看三维全景图很方便。

另外，还可以通过全景展示平台（如 720° 云平台、天空之城平台等）观看球形全景图，呈现三维全景的全貌，进行分享和交流。

图 4-3-9

《虹挽三岛》（图 4-3-9），拍摄于青岛市金水路。此图为球形全景图三维图的截图。

第四节　竖拍全景预设

竖拍全景同广角全景一样，属于特殊的全景模式。其特点是画面的竖向延伸感强。

竖拍全景预设由上中下 3 张单元照片组成，拍摄完成后，无人机会自动生成母版。

竖拍全景预设适用于纵向空间层次较多的场景，因此当主体呈纵向延伸趋势时，使用竖拍全景预设往往是不错的选择。或者，在拍摄一些有明显纵向线条的物体时，也可以选择竖拍全景预设。这样可以实现纵向线条的拉伸，使被摄物显得更加修长。

一、竖拍全景预设的构图特点

竖拍全景预设采用的计算方法和计算逻辑更侧重拉长画面高度，进而增大被摄物在画面中的占比，增加画面的视觉冲击力。使用竖拍全景预设自动生成的母版的尺寸为宽 5200 像素，高 12480 像素。而同样由 3 行单元照片拼合而成的 180° 全景照片的高度只有 6020 像素，仅为竖拍全景照片的一半。这也能够说明竖拍全景预设的构图特点。竖拍全景母版的宽高比是 1 ∶ 2.4。研究母版的尺寸和宽高比可以了解内置软件的计算逻辑，以便更好、更合理地运用竖拍全景预设。

竖拍全景预设的另一个构图特点是自动合成母版时横向裁切比较多，因此，要得到理想的画面，就需要把场景拍得大一些。后期合成 3 张单元照片时，如果选择圆柱投影方式对齐，所获得新母版的横向画面内容比自动合成的母版会多得多，不过视觉冲击力也小得多。

二、竖拍全景预设的优势

1. 增强视觉冲击力

纵向构图的画面往往比横向构图的画面吸引人，让人乐于反复观看和欣赏。

2. 突出纵向主体

竖拍全景画面的横向视角更小，横向拍摄的内容也相对较少，更容易突出纵向主体。

3. 纵深大

竖拍全景拍摄的纵向内容更多，能更直观地表现出纵深感。

4. 应用广泛

随着技术的发展，人们趋向于使用手机交流。使用手机展示摄影作品时，竖拍照片要比横拍照片的好得多。另外，很多杂志的封面也是竖幅的，因此竖拍全景照片的应用范围很广。

三、拍摄竖拍全景的技术要点

1. 选择合适的拍摄对象

当拍摄主体呈纵向延伸趋势时，应尽量使用竖拍全景预设。使用竖拍全景预设拍出的人像更突出，身材也显得更修长。

2. 利用好前景

通过前景的对比、引导，增强画面的冲击力和纵深感。拍摄竖拍全景图时，选好前景并对前景进行一定的夸张，能更好地表现出纵向的主体。

3. 靠近主体拍摄

使用一米之遥机位近距离俯拍被摄物，让主体所占比例较大，使画面更具冲击力。

4. 善用引导线构图

竖拍全景的构图比较适合应用各类引导线构图方法，比如线条构图、S 型构图、Z 型构图等。

5. 注意留白

竖拍全景图中的纵向内容多于横向内容，画面纵向内容太多容易使观者感到压抑，因此要注重留白。有了留白，画面就能够“呼吸”，才能更加生动。

四、竖拍全景预设的后期合成

1. 选择使用竖拍全景预设拍摄的 3 张单元照片，导入 ACR。

2. 使用透视投影方式进行全景合并。

3. 合并后的母版形状不规则，需导入 PS 进行裁切。

图 4-4-2

《静待扬帆启航时》（图 4-4-1），拍摄于青岛银海国际游艇俱乐部码头。使用透视投影方式合成（图 4-4-2）。

图 4-4-1

图 4-4-3

五、竖拍全景母版接片

我们可以将若干个竖拍全景的母版进行横列式接片，将竖拍全景图“拉宽”。为了保证构图的工整，减少变形，拍摄各母版时也可以按需要变换机位或者使用多点横移法。

竖拍全景再接片的意义

1. 竖拍全景预设更加注重纵向主体的拉伸，进行竖拍全景再接片可以得到具有特殊纵向拉伸效果的作品。

2. 在竖拍全景再接片的过程中，摄影人可以应用新的创意手段和技巧。

3. 成图的构图更工整，变形更小。

图 4-4-4

《温馨迎宾厅》（图 4-4-3），拍摄于青岛市。由 3 张竖拍全景母版（图 4-4-4）合成，3 张全景母版于同一机位拍摄。

第五章

无人机接片的构图立意

第一节　俯平仰一体

无人机的技术特性造就了无人机摄影的独特魅力。

俯拍、平拍、仰拍是对不同拍摄视角的称呼。每个拍摄视角都有其内在的特点、适用的场景和技术要点，能给观者带来不同的视觉感受。不同的拍摄视角有着不同的画面表现。

仰拍可以表现被摄物高大宏伟的形态，增强画面的立体感和视觉冲击力。仰视角度越大，被摄物的变形就越夸张，带来的视觉冲击力就越强。

平拍最符合我们的视觉习惯。平视是日常生活中最常用的视角，这种角度会给人广阔宁静的感觉，空间感染力强。

俯拍有居高临下之感，可以让观者真切体验到统领、驾驭等审美快感。大角度俯拍对于普通相机来说是个难事，但对于无人机来说就简单多了。无人机的云台可以垂直向下拍出张力很强的画面。

从社会学的角度上看，俯视、平视、仰视各有其象征意义，能表达摄影人对待生活的不同态度。应用不同的拍摄视角对于确立照片主题，表达思想情感具有重要意义。

传统单片拍摄只有一个拍摄视角，要么俯拍，要么平拍，要么仰拍。而俯平仰一体是一种“合成视角”，核心在于“一体”。通过接片的方法，将俯拍、平拍、仰拍的画面集合到一起，形成一个综合的广阔视角。这个视角是自然环境中人眼不可及的，通过这样的视角看到的画面能展示一个较为立体的场景，使观者产生身临其境的感觉。

俯平仰一体一定是为主题服务的。应用俯平仰一体，摄影人可以通过展示新奇画面来满足人们的好奇心。但不能为了新奇而新奇，使用俯平仰一体是为了渲染或烘托作品的气氛，或加强观者对画面的理解。

应用俯平仰一体的关键是抓住主体的特征，让画面的动态与静态有机结合起来，拍摄时要做到单机位观察与多机位拍摄的无缝衔接，拍出情趣、层次和秩序。

注意，视角的确定取决于镜头的角度，而不是无人机的高度，也不是地平线的位置。

一、单点镜头俯平仰接片法

单点镜头俯平仰接片法：从俯视视角开始到仰视视角结束（也可以反方向），逐张拍摄单元照片（可以拍摄一列，也可以拍摄多行多列）并接片。

这种方法适用于以纵向景物为主体并且层次较丰富的场景。

图 5-1-1

技术要点

1. 单元照片之间重叠比例要大

这样可以保证单元照片之间有足够的对齐像素，弥补视差造成的接片问题。

2. 控制无人机的高度

要确保能拍到主体的全貌。

3. 纵向线条保持竖直

画面中纵向线条不能歪斜，要保证构图的工整。

4. 后期合成

可以使用球面投影或圆柱投影方式进行全景合成，但用圆柱投影方式做出的效果更好。

《一夕华灯荡心扉》（图 5-1-1），拍摄于青岛五四广场。通过构图引导线，把标志性雕塑“五月的风”与位于视觉中心的青岛市政府大楼连接在一起。使用 14 张单元照片纵列式接片。从镜头垂直向下到向上 20°，进行俯拍、平拍、仰拍，让整个画面纵向大角度展开。这幅作品超出了人们的传统观察视角，给人以震撼感和冲击力。

二、纵向多机位俯平仰接片法

纵向多机位俯平仰接片：使用多个机位，以镜头不同俯仰角度进行拍摄并接片。它适合俯拍、平拍、仰拍都需要的场景，其中俯拍的场景范围要较大。

技术要点

1. 注意机位的间距

无人机飞得越低，机位的间距应该越小。

2. 保证单元照片之间有足够的重叠

因为后期接片对齐主要依靠单元照片之间重叠部分的相同像素。多机位拍摄会导致单元照片之间的视差加大，这会让单元照片之间重叠像素减少。因此，多一些重叠像素能保证后期顺利完成接片。

3. 保持直线飞行

操控无人机时“打杆”要准确，角度不能偏移，以保证单元照片之间能够顺利对齐。

以下是应用纵向多机位俯平仰接片法时无人机机位的示意图。在这三个机位中，既有相同的拍摄视角，也有不同的拍摄视角。

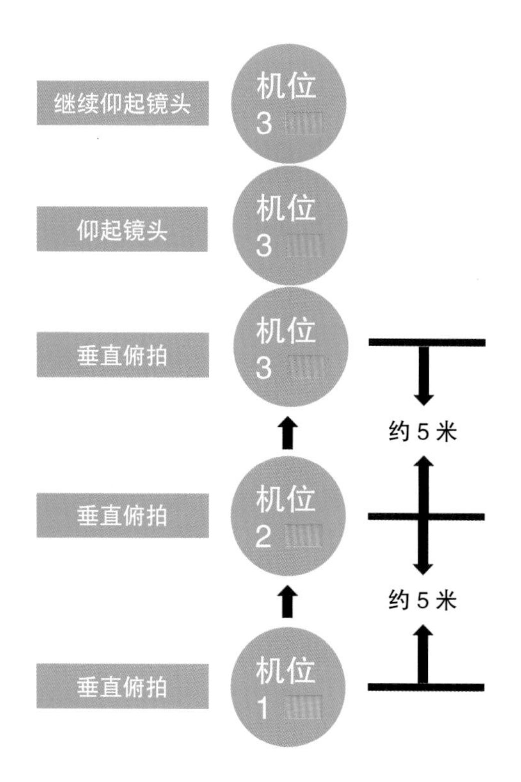

《开海之日盼归帆》（图 5-1-2），拍摄于青岛市即墨区田横岛海岸。使用 3 个机位，拍摄 5 张单元照片。在第一个机位垂直俯拍 1 张单元照片，然后让无人机向前直飞约 5 米到达第二个机位，垂直俯拍第二张单元照片，再向前直飞约 5 米到达第三个机位，垂直俯拍第三张单元照片，之后仰起镜头，拍摄第四张单元照片，最后继续上仰镜头，拍摄第五张单元照片。

图 5-1-2

三、矩阵式俯平仰接片法

矩阵式俯平仰接片法：让无人机机位呈矩阵式排列进行拍摄并接片。其拍摄顺序是：在机位 1 垂直俯拍一张单元照片；然后保持无人机的姿态不变，向前飞行一段距离，在机位 2 拍摄一张单元照片；仍旧保持无人机姿态不变，向前飞行一段距离，在机位 3 拍摄一张单元照片；最后让无人机悬停在机位 3，镜头渐次仰起，拍摄若干单元照片，完成第一列的拍摄接着进行第二列、第三列的拍摄，拍摄方式与第一列相同，只是与第一列的机位有横向间隔。注意，同一列的 3 个机位呈直线排列，多列机位呈矩阵式排列，列与列之间的单元照片要有重叠。

简单地说，这个拍摄方法是纵向多机位俯平仰接片法的母版再接片。

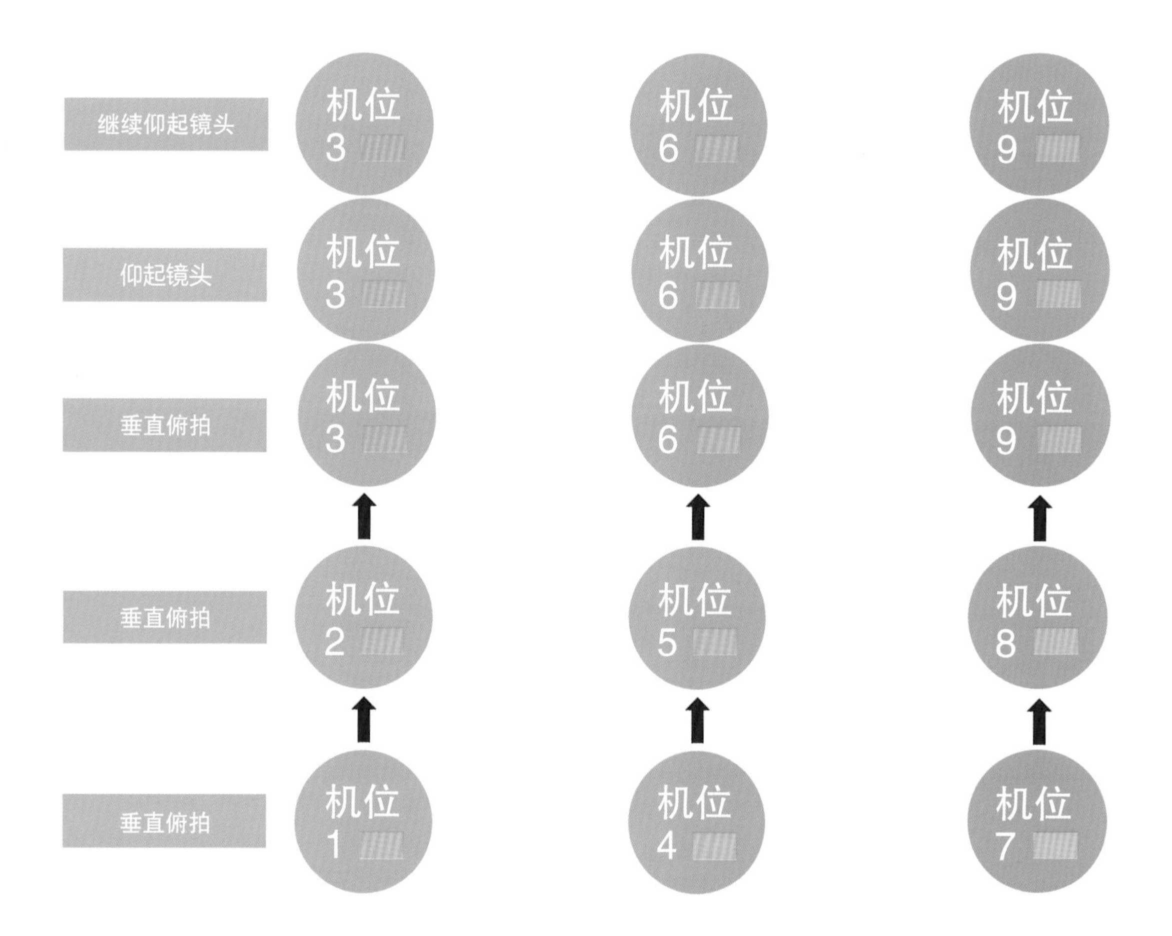

技术要点

1. 精准操控

调整机位时要确保打杆准确，横平竖直。

2. 注意重叠

垂直俯拍的单元照片之间的重叠部分不必很多，但镜头渐次仰起拍摄的单元照片与垂直俯拍的单元照片之间的重叠部分要大一些。三张母版之间的重叠部分尤其要大。

3. 母版机位要平齐

矩阵中同一行的机位要位于同一水平线上，并且镜头的俯仰角度要一致。

《扶摇而上叹寥廓》（图 5-1-3），拍摄于青岛市八大峡广场。主体是造型独特的高层建筑，前景中有一个圆形广场。为了兼顾主体的最佳观看角度、构图的完整和比例的协调，使用矩阵式俯平仰接片法拍摄 39 张单元照片，纵向 13 张单元照片成一列。拍摄时，先在第一列的 5 个机位上垂直俯拍 5 张单元照片，再在第五个机位上渐次仰起镜头，拍摄 8 张单元照片。第二、三列与第一列的拍摄方法相同。后期进行母版再接片。

图 5-1-3

第二节　正侧背交融

拍摄任何照片都是从选择机位开始的。选择机位的目的是寻找表现被摄物的最佳拍摄点。机位直接影响画面的构图、景物的布局和主体与陪体之间的关系。

对于无人机摄影创作来说，摄影人可以选择在多个机位拍摄多张单元照片，经后期制作合成一个母版。因此，无人机摄影的机位选择更为复杂，考虑的因素更为繁多。选择机位的过程就是谋篇布局的过程，更是创作的过程。使用一个机位还是多个机位，机位的选择恰当与否，是决定照片成败的关键，也是无人机摄影与普通摄影的区别所在。

本节从拍摄方向入手，阐述如何发挥无人机接片的优势，将景物的正面、侧面和背面展示在同一个画面中，拍摄出用普通拍摄方法无法获得的作品。

拍摄方向一般包括正面、侧面和背面三种。无人机不仅可以直上云霄，俯拍高山之巅，而且可以通过接片，甚至母版再接片，为摄影人提供使景物的正面、侧面、背面共存于一图的技术条件，展现更为丰富的内容。因此，研究正面、侧面、背面拍摄的特点，把握正面、侧面、背面拍摄的优点，就显得尤为重要。这也是无人机摄影的无穷魅力之所在。

一、拍摄方向的特点

1. 正面拍摄

镜头对着被摄物正面的中心位置拍摄，能够表现被摄物的全貌及对称性等特征。在风光摄影、建筑摄影中，进行正面拍摄时，多将主体放于画面的黄金分割线上。一般说来，正面拍摄的被摄物形象比较安静、端庄、稳重。

2. 侧面拍摄

侧面拍摄时，镜头方向的延长线与被摄物侧面成垂直关系。侧面拍摄能够充分表现被摄物侧面的特征，再现被摄物侧面的形状、线条和结构。另外，从侧面拍摄出的被摄物往往具有强烈的动势，能够将它高速运动的状态展现出来。

3. 背面拍摄

从被摄物的背面拍摄不仅能展示出被摄物背面的特征，还能引导观者的视线。背面拍摄的作品带有强烈的主观感情色彩，易把观者带入画面，有利于情感的表达。从背面拍摄是较少使用的拍摄角度。

二、正侧背交融的技术要点

因为无人机自身有一个可大角度转动的云台，镜头的视角非常宽广，机位也十分灵活，所以利用无人机可以从顺光拍到逆光，从被摄物的正面拍到侧面、背面。拍摄时，对于主体和陪体的选择、留白的处理都必须认真地加以研判，这样才能充分发挥无人机摄影的优势。

1. 主体的选择

正侧背并存最容易造成画面中景物杂乱、主题分散。应保证主体在画面中占有亮眼的位置和较大的比例，最好从正面拍摄主体，这样能起到稳定构图的作用。

2. 陪体的选择

陪体要衬托主体，不与主体争色。一般从侧面拍摄陪体，以陪体的“斜”烘托主体的“正”。

3. 留白的处理

无人机拍摄的场景巨大，画面中的景物纷繁复杂。要充分运用大面积的水域或天空进行留白处理，保证画面有“呼吸感”。

无论选择何种拍摄方向，不仅要考虑被摄物的形象、构图的形式、主体和陪体的关系、环境的表达，还要考虑画面表现的内容及主题。因此选择拍摄方向时，应根据具体的被摄物和主题来决定。正面拍摄、侧面拍摄、背面拍摄没有优劣之分，只要运用得当，都会创作出成功的作品。

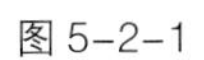

图 5-2-1

《山海之间一翠阁》(图 5-2-1)，拍摄于青岛市小鱼山。正面拍摄主体（览潮阁），侧面拍摄陪体（拥翠亭），利用天空制造留白。

三、建筑全貌的拍摄方法

要表现建筑的全貌，必须使用多机位拍摄，各机位的高度要保持一致。要依据被摄建筑的形状布置机位，各机位与建筑的距离要保持基本一致，这样可以保证后期合成时相邻照片之间有足够的重叠像素。使用 180° 全景预设拍摄，后期制作时，把在各机位上拍摄的单元照片有选择地组合到一起，通过接片展示建筑的全貌。

图 5-2-2

《鳌山湾畔的明珠》（图 5-2-2），拍摄于青岛市南山美爵度假酒店。酒店建筑呈弧形，看上去很美，但要把它完整地拍下来却很困难，因为建筑物的弧度很大，在任何一个角度拍摄，都无法拍到建筑物的全貌。

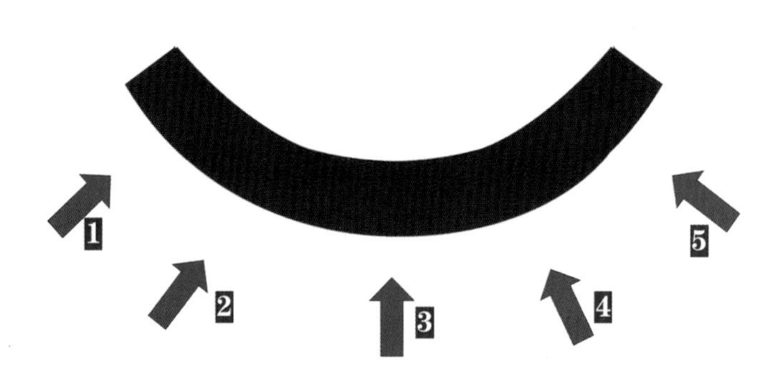

图 5-2-3

让 5 个机位呈弧形排列（图 5-2-3），机位间距约 30 米。在 5 个机位上分别拍摄建筑的不同侧面，最后进行接片。

图 5-2-4

在 1 号机位上重点拍摄两个高楼的侧面（图 5-2-4）。

图 5-2-5

在 2 号机位上重点拍摄稍矮的楼（图 5-2-5）。两个机位相隔约 30 米，使照片中的主要建筑（两个高楼和一个稍矮的楼）均为正面角度拍摄。

图 5-2-6

3 号、4 号机位是过渡机位，用于加大单元照片间的重叠部分。在 5 号机位上重点拍摄不规则形状的楼（图 5-2-6）。

第三节　远中近搭配

无人机的拍摄视角广阔，配合接片技术，能把浩大的场景纳入单张母版之中。因此，景别的应用就显得特别重要了。

我们可以将远景、中景、近景展现在一个母版中。远景的作用是提供更多视觉信息，增加画面的视觉层次，使景物壮阔辽远、气势磅礴。中景一般用于展示位于画面视觉中心的被摄物，主体往往在中景之中，它也是色调变化的中心区域。同时，中景有串联远景与近景，使画面层次更加清晰的作用。近景能够改善构图，让画面有纵深感。近景中的被摄物应当具有质感好、细节多、层次丰富的特点。

无人机摄影的远中近搭配是在一个母版中体现多个景别，厘清各景别的分界，合理处理各景别在画面中的关系，让它们相互烘托，做到远有气势、中有过渡、近有质感。拍摄时，要正确把握各景别在画面中的位置、比例、拍摄视角，通过接片发挥各景别的特点，用其所长，避其所短，把众多景物有机统一起来，构成一幅完整、和谐的画面。

一、远中近搭配易出现的问题

1. 飞行高度不合适

无人机飞得过高，容易使近景形成俯视效果，不利于烘托主体。无人机飞得过低，容易造成景物之间的相互遮挡。

2. 拍摄场景的范围不合适

无人机摄影的优势在于大场景接片，但场景过大会导致单元照片之间的视差过大，进而导致近景变形，直线景物呈弧线。场景过小又不利于中景、远景的表现。

3. 构图不合适

构图使用的场景太大容易使主题分散，主体不突出。构图使用的场景太小又会失去无人机摄影的核心优势。

二、解决远中近搭配易出现问题的对策及方法

1. 发挥无人机能够飞高的优势

使用上下机位拍摄，改善画面中景物相互遮挡或主体拍摄视角不正的问题，更好地展现不同景别中的景物，增强画面的纵深感。

《工业时代》（图 5–3–1），拍摄于青岛石化厂厂区。使用 180° 全景预设，上下 2 个机位拍摄两组单元照片。上下机位间距仅 3 米，变化不明显，但仍对构图起到了锦上添花的作用。后期制作时，把两组单元照片导入图像处理软件，使用蒙版功能沿建筑空隙拼接在 2 个机位上拍摄的单元照片，进行自动混合。

图 5–3–1

图 5–3–2

在第一个机位上，无人机飞行高度为 66.26 米。此时画面已经有了纵深感，可以看到厂区全貌，只是右侧主体还不够突出（图 5–3–2）。

图 5–3–3

在第二个机位上，无人机飞行高度降至 63.26 米。此时右侧主体更加突出，但远处建筑物之间的重叠多了一些（图 5–3–3）。

2. 发挥一米之遥机位的优势

使用一米之遥机位拍摄，突出主体，加强画面中景物的大小对比。

图 5-3-4

《山水追圣忆摇篮》（图 5-3-4），拍摄于延安市。使用 180° 全景预设拍摄 3 行 7 列单元照片。充分利用近大远小的透视规律，既把主体拍好、拍全，又处理好远、中、近景物关系。近距离拍摄宝塔，将宝塔作为近景；将延河作为中景，烘托宝塔；将远山及天空作为远景，与近景、中景遥相呼应。如此处理好主体、陪体、环境之间的关系，让画面有了纵深，有了张力。

3. 发挥无人机多点横移法的优势

使用多点横移法拍摄，能够改善无人机拍摄超大场景时近景严重变形的问题，保证构图的工整，保证主体拍摄视角端正。

图 5-3-5

《欲展云臂卷西风》（图 5-3-5），拍摄于京新高速公路某服务区。构图时，既要形成远中近景的合理搭配，又要让画面中各元素互不遮挡，还要让主体突出、不变形。拍摄时，首先调整好无人机的飞行高度，让画面中各元素（公路、车辆、建筑、天空等）层次分明。为了使前景不变形，使用多点横移法，在 5 个机位上拍摄，机位间距约 30 米。但这也造成单元照片之间的视差极大，后期接片十分复杂。

4. 发挥无人机机动灵活的优势

拍摄时要避免大场景画面呆板、缺乏生气，要发挥无人机机动灵活的优势，取景时多寻找场景中的亮点，增加画面的趣味性，表现出作品的意境。

图 5-3-6

《光耀云绕罩港湾》（图 5-3-6），拍摄于青岛港。无人机飞行高度超过 260 米，直上云霄，得见光芒万丈。取景时将不动的主体置于飘动的云层缝隙之中，形成动静对比。以云层作为留白，不同浓度的云雾把画面分割成几个部分，定义出不同景别。

风光摄影从来没有不可逾越的“一定之规”。有些作品只有近景和远景，有些只有中景和远景。只要所选择的景别与主题相适应，与创作意图相搭配，能为构图服务就可以了。另外，还要发挥想象力，赋予作品内涵，烘托主题思想。

第四节　构建前景

前景是风光摄影中的重要陪衬，是主体的点缀，除了能填补画面的空白、改善构图，还能增强画面的纵深感。从某种意义上说，好的前景是风光摄影成功的基础。

前景指主体前面的景物，是在主体与镜头之间的环境元素。摄影人通过虚化、曝光等手法，让前景起到烘托拍摄氛围、强化主题、突出主体、均衡构图、美化画面的作用。

前景还有引导画面和过渡景物的作用。有了前景，构图就会更有动感、更有节奏，让观者能够通过前景了解拍摄地点、环境、季节等信息。

无人机摄影能通过接片获得大视野、大画幅，可是如何构建合适的前景一直是一个比较困难的问题。取景时，往往是远景易得，前景难求。因此，探索前景的构成是摄影人绕不开的课题，绝佳的前景也是成就好作品的关键要素。

无人机摄影是技术创新，因此它的前景搭建方法不能被束缚，不能一味追求传统摄影的固有模式。摄影人要根据无人机的特性和优势，以及接片技术的内在属性，研究搭建前景的新规律、新途径、新方法；要用创作者的心态去审视场景、观察事物，要理解前景与主体的内在联系，充分调动自己的灵感和潜力。

一、构建前景的注意事项

1. 作为前景的景物最好具有季节特征、地方特征等特色。

2. 前景必须与主体有内在的关联性，在形态、影调等方面相搭配。前景要与主体协调，但不能遮挡或分割主体。

3. 前景的比例要得当，要能衬托主体，让主体的大小更直观。

4. 要让前景景物和其他景物彼此呼应、对照，不能有隔阂，不能给人排斥感。

5. 前景可实可虚，但无论虚实，前景都是陪体，不可喧宾夺主。

二、构建前景的方法

1. 寻找适当位置，构建框架式前景。

框架式前景是一种特殊的前景，有了这种前景，观者在欣赏作品时，仿佛是透过窗框看景物。框架式前景能帮助观者集中注意力，并突出面积较小的景物。

框架式前景仿佛给画面加了一个美丽的相框，增强了美感。它能够让人的视线聚焦于框内的主体，达到间接突出主体的效果。框架式前景还可以遮挡场景中杂乱、多余的物体，简化画面。

图 5-4-1

《拥翠亭中观山景》（图 5-4-1），拍摄于青岛市小鱼山。使用框架式前景将小鱼山的标志性建筑收入“框”中。前景是小鱼山上一个观景亭的局部，自身就具有美感。

2. 俯仰拍摄，构建虚化式前景。

无人机与普通相机不同，不能进行光学变焦，也不能距被摄物过近，因此制造虚化效果比较困难，但我们可以利用机位和接片来制造虚化效果。

构建虚化式前景的关键就是使用无人机伏地机位并让镜头向下，使镜头距离地面很近，处于失焦状态。此时，拍到的会是一团拥有一定色调的虚影。随后渐次仰起镜头，重新对焦，聚焦在主体上进行拍摄。这样做，接片后即可获得一张有虚化式前景的照片。

还可以在水沟、桥下等低视角位置进行拍摄，使前景虚化。

虚化式前景能够在主体前面增加一个层次，突出画面的虚实对比，强化主体的视觉效果，还能弱化其他元素，避免色彩杂乱。

图 5-4-2

《树之魂》（图5-4-2），拍摄于青州市某宾馆院子。主体是挺拔的大树，但场景比较乏味，于是构建了虚化式前景。使用3张单元照片上下接片，强化主体的视觉效果。

3. 利用无人机的左右旋转，构建左右式前景。

利用无人机机身旋转角度大的特点，拍摄左右均有高大建筑的场景，让左右的高大建筑成为前景，“框”住画面。

《一钩新月，半城喧嚣》（图 5-4-3），拍摄于青岛市山东路中部。此处较空旷，很容易导致构图分散。拍摄时，控制机身旋转的角度，拍摄 3 行 5 列矩阵式单元照片，将左侧与右侧的建筑作为前景，让观者视线聚焦于主体。

图 5-4-3

Hisense
大厦
ICBC

4. 俯平仰一体，构建画面下方的前景。

前景常常出现在画面的下方。因此，可以利用无人机镜头能够垂直向下拍摄的优势，拍摄较多下部场景作为前景，为作品加分。

拍摄过程中需要控制好无人机的飞行高度。机位过高，前景的楼群只见楼顶，画面张力差；机位过低，画面会缺乏整体感。

俯平仰一体会让拍摄角度超出人类的视角范围，给人超乎寻常的感觉，引人入胜，让人产生去拍摄地一探究竟的冲动。前景景物的变形对主体起到了很好的烘托作用，工整的主体又会增强画面的稳定性和紧凑感。

《绿茵上的钻石》（图 5-4-4），拍摄于青岛国信体育场。

图 5-4-4

图 5-4-5

《乘风翱翔越琼楼》（图 5-4-5），拍摄于青岛市市北区。使用 4 个机位拍摄 11 张单元照片并接片。在 4 个机位上分别垂直俯拍 1 张单元照片。拍摄时，操控无人机直线前行，机位间距约 5 米，聚焦前景中的楼群，让楼群产生竖向变形，呈“爆炸式”。之后，在第四个机位上，渐次仰起镜头，拍摄 7 张单元照片。由于楼体高，机位之间视差很大，因此拍摄时必须加大单元照片之间的重叠比例。

后期制作时，将单元照片导入 ACR，使用圆柱投影方式进行自动接片，但生成的母版中天空部分过曝。因此导入前期补拍的 4 张天空部分的单元照片，使用圆柱投影方式接片。形成两个母版，一个是整体母版，一个是天空部分的母版。之后将两个母版导入 PS，进行自动对齐，分别处理亮度。再添加蒙版，处理接缝。最后自动混合图层，进行色彩还原，完成作品。

5. 利用上下机位，构建纵深感前景。

有些场景的纵深很大，前后景物很多，但景物之间相互遮挡严重，显得画面很沉闷。在这种情况下，可以采用上下机位，将本来遮挡其他景物的物体转化为前景，化腐朽为神奇。

《左进右出两彷徨》（图 5-4-6），拍摄于即墨古城。即墨古城入口处有一个宽约 3 米、长约 10 米的门洞。拍摄时，为了创建框架式构图，操控无人机飞至门洞内，使用球形全景预设拍摄，成功地将门洞的两端展现在一个画面中，并使用门洞的一端构建框架式前景，将古城内的建筑“框”住。

图 5-4-6

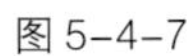

图 5-4-7

图 5-4-8

门洞狭窄，拍摄时受到不少限制。将无人机飞高，虽然可以拍全门洞，但只能拍到古城内建筑的一半。将无人机飞低，虽然能将建筑拍完整，但是门洞有缺失，无法构建前景。于是，使用上下 2 个机位分别拍摄全景图（图 5-4-7）（图 5-4-8）。后期制作时，将上机位拍摄矩阵中的最上一行的 8 张单元照片与下机位拍摄的单元照片拼合，统一对齐，合成母版。

6. 利用无人机大角度旋转，改变物体结构形态，形成夸张的前景。

选择一个在画面上竖向结构的被摄物体（如桥、栈道等），将机位置于它的中间。大角度旋转无人机，使竖向的被摄物体向画面两侧延展开，变成横向结构。这样能使该物体占据画面的绝对比例，形成夸张的前景。

图 5-4-9

《一桥两跨天地宽》（图 5-4-9），拍摄于青岛奥林匹克帆船中心。为了制造夸张的畸变效果并将其作为前景，拍摄下面一行单元照片（共拍摄 2 行 5 列单元照片）时使用大角度俯拍，让栈道大比例填充画面的下半部分，并形成引导线，将观者视线引向主体（楼群）。

7. 利用光影构建背景空间，反衬前景。

当日出东方或夕阳西下时，太阳会被物体遮挡，这是很好的拍摄时机。此时，应寻找最有利的机位，用光芒衬托景物，形成视觉上的背景空间，反衬出前景。

《跃上天际迎晚霞》（图 5-4-10），拍摄于青岛市。使用 180° 全景预设拍摄 3 行 7 列单元照片，让楼群遮住太阳，弱化反差。同时，太阳光芒充满背景，增加了画面层次，反衬、突出了前景。注意，正对着太阳逆光拍摄时需要注意控制光比。

图 5-4-10

图 5-4-11

8. 巧妙选择角度，制造引导式前景。

拍摄时选择具有引导性或延伸性的物体，并配合使用一米之遥机位，将本来很窄的景物变形、拉宽。引导式前景可以将观者的视线引导至主体，起到突出主体、烘托氛围的作用。

《风轻水静乐悠然》（图 5-4-11），拍摄于莱西市月湖公园。这是一幅大陪体、大环境、小主体作品。使用一米之遥机位旋转拍摄 2 张单元照片，使拱桥大幅变形，形成引导线，将观者的视线引向主体（人物）。前景中的垂柳也为画面增添了情趣。

第六章

无人机接片的创意方法

第一节　控制畸变

畸变指画面中物体形状的变化。镜头畸变是光学透镜固有的透视失真的总称，它是由透镜的放大率随光束和主轴间所成角度改变引起的，分为线性畸变和几何畸变。直线物体拍出来变成弯曲物体的现象是线性畸变；画面本来是矩形的，但拍摄结果是卷翘或膨鼓的，是几何畸变。其中，卷翘现象是枕形畸变，膨鼓现象是桶形畸变。

摄影是一门视觉艺术，既然是艺术，就要源于生活又高于生活。进行无人机摄影创作时，可以利用合理的畸变，制造出引人入胜的夸张场景。这是摄影人创造力和想象力的体现，是无人机摄影创作的重要途径和手段之一，也是无人机摄影区别于其他传统摄影的标志之一。利用畸变时，要把畸变控制在合理范围内，把握好分寸，既不能让拍出的场景发生质的变化，不能让拍出的景物有缺失，又要增强作品的视觉冲击力。

实战中，拍摄有些场景时，需要通过夸张的畸变来增强画面的趣味性和视觉冲击力；还有些场景需要抑制畸变，使画面工整，给人真实感、亲近感。因此，摄影人要学会灵活运用畸变。

一、畸变的成因

1. 宽视野

无人机摄影中的多视点拍摄方法使拍摄视野更宽。由起像主点或中心点向外，光轴倾斜度逐渐增大，这会导致接片时产生透视畸变。

2. 无人机姿态变化

多机位拍摄时，无人机的姿态变化，如平移、旋转、大角度的俯拍和仰拍，都会导致畸变产生。

3. 传感器性能误差

长焦镜头容易造成枕形畸变，广角镜头容易造成桶形畸变。无人机主镜头是等效焦距为 24 毫米的广角镜头，拍摄较小场景时，无人机距被摄物很近，易造成桶形畸变。

4. 飞行高度过高

无人机飞到高处拍摄时，视距更大，场景中前后物体重叠更少，层次更丰富，但这是会导致镜头中地形和景物形状的变化，导致起像点位移、错位，甚至被摄物会扭曲。

5. 视差

前期拍摄的视差越大，后期接片产生的畸变越大。这是因为后期制作时，为了对齐相同像素点，软件会对单元照片进行自由变换，造成画面扭曲、变形。

二、扩张畸变

1. 利用场景中的直线

直线的畸变取决于两个因素，一个是直线与镜头之间的距离，另一个是直线的长度。直线与镜头之间的距离越小，畸变就越大。例如，在距离直线 30 米处拍摄时，直线的弯曲程度很大；在距离直线 500 米处拍摄时，直线的弯曲程度就很小，甚至仍然是直线。再有，直线越长，可能产生的畸变就越大。

如果想制造或扩张畸变，可以利用无人机自身的旋转扩大拍摄视角，并近距离拍摄。

图 6–1–1

《大地交响曲》（图 6–1–1），拍摄于平度市田庄镇。使用 180° 全景预设拍摄，视角约为 260°。母版中，直线的田垄变成了弧线，畸变夸张，给人极大的视觉冲击，使风车在变形的田间显得更挺拔。在制造直线的畸变时，画面中要有类似风车这样垂直的线条，起到稳定画面的作用。

2. 利用距离差

利用场景中前后景物之间的距离扩张桶形畸变。

拍摄时要注意三个问题：一是要选择较大的场景，拍摄角度要超过 180°，以保证能拍到场景坐标系中横坐标以下的景物；二是主体要纵向、直线排列，延伸得要远，能够形成灭点效果；三是要使用广角镜头（可使用 24 毫米等效焦距的广角镜头），视角越大，拍摄出的照片纵深感越强、效果越好。

图 6-1-2

《尽遣两翼入画来》（图 6-1-2），拍摄于青岛国际会议中心的外廊。廊柱与玻璃幕墙平行，呈直线排列，宽度不过 2 米。为拍出外廊的灭点效果，选择在外廊的中间位置进行拍摄。拍摄时，关闭无人机避障功能，让无人机尾端尽量靠近玻璃幕墙。使用 180° 全景预设拍摄 3 行 7 列单元照片，视角达到 260°。此时，本来宽度一致的外廊发生了明显形变，近宽远窄，出现了明显的消失点效果。

3. 利用机身 360° 旋转

利用机身旋转 360° 拍摄，可以将一周的场景展示在一个画面中，使本来需要观者旋转才能看到的场景在一张母版上一览无余。这种照片会给观者带来怪异的感觉，激起观者的观赏兴趣，赋予作品与众不同的意境。

图 6-1-3

《“贝壳”展翅化鲲鹏》（图 6-1-3），拍摄于青岛市黄岛区，作者张建华。使用无人机球形全景预设拍摄，接片之后将大桥连接的南北两侧的风景铺在了一个画面中，将“一桥连南北”变为“一目及两岸”。海面被大桥分割为三个部分，在画面中间形成大面积留白。留白既使画面更简洁，又使作品更写意。

图 6-1-4

4. 利用俯平仰一体拍摄方法

俯拍、平拍、仰拍之间的视角差异很大。将不同角度拍摄的单元照片接片于一个画面中，可以扩张径向畸变。

垂直俯拍时，镜头离被摄物较近，被摄物也会出现从中心点向外的径向扩张，给人以爆炸式的感觉。镜头距离被摄物越近，这种夸张感越强。

需要注意的是，这种拍摄方法会使被摄物发生较大变形，因此单元照片之间的重叠部分需要大一些，尤其是垂直俯拍的单元照片与相邻平拍、仰拍的单元照片之间的重叠部分要更大。另外，拍摄单元照片时，上下行之间会多次变换焦点以拓展景深，但必须保证景深过渡不突兀，这样才能保证接片时不出现虚实相接的痕迹。

5. 利用拐角机位法

拐角机位法：拍摄全景照片时，先让无人机悬停在一个高度上拍摄（可以拍摄一张单元照片，也可以拍摄多张），然后让机身旋转 90°，机位移动约 3 米再拍摄，最后通过 PS 后期合成，形成一幅具有球形全景、底部拉伸效果的母版。注意，在每一个机位上，拍摄单元照片的行数必须相同，列数可视情况而定；要从垂直俯拍开始，逐步仰起镜头，边旋转边拍摄；垂直俯拍单元照片与它相邻的单元照片之间的重叠要大一些。

拐角机位法既能扩大垂直俯拍的场景，又能扩张枕型畸变。

《绽放》（图 6-1-4），拍摄于黑龙江省金满峡。使用 5 张单元照片纵列式接片。拍摄时，从垂直俯拍开始，镜头渐次仰起。垂直俯拍时，镜头离树梢要尽量近，使树林以放射状呈现。镜头距离树梢越近，这种径向畸变越强烈，透视效果越明显，画面的张力越强。

《桥吊舒臂迎巨轮》（图 6–1–5），拍摄于青岛港。使用拐角机位法，先拍摄第一张垂直俯拍单元照片，然后渐次仰起镜头，拍摄 3 行 3 列单元照片。接着，让无人机平移约 3 米并旋转 90°，再拍摄 3 行 2 列单元照片。

由于拍摄时统一了曝光量，太阳严重过曝。为解决这个问题，补拍 2 张包含太阳的母版（均使用 5 张 AEB 接片），之后进行太阳局部的母版再接片。

图 6-1-5

先在 ACR 中使用球形投影方式拼接整体场景（图 6-1-6）。由于拍摄时机位变化较大，后期合成的画面不太规整。

图 6-1-6

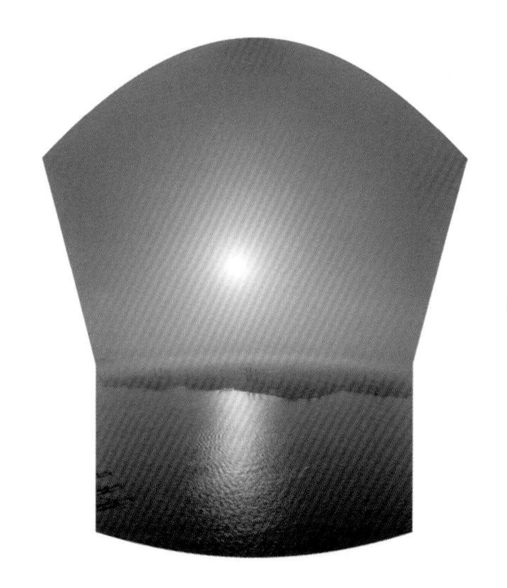

之后，使用“合并为HDR全景”，拼合2张补拍的包含太阳的母版（图 6-1-7）。

图 6-1-7

最后，在 PS 中使用自动投影方式将使用拐角机位法拍摄并接片的母版和包含太阳的母版对齐、混合，完成接片（图 6-1-8）。

图 6-1-8

图 6-1-9

三、抑制畸变

在拍摄建筑、风光、纪实等作品时，被摄物变形后容易误导观者，因此要抑制畸变，让画面中的景物符合人类的视觉模式，给人以真实感和亲近感。

抑制畸变的途径和方法有很多，多为扩张畸变的逆向手法。以下对多个抑制畸变的方法做举例说明，不做过多技术讲解。

1. 利用长焦镜头

《霞染晨曦劳作始》（图 6-1-9），拍摄于福建省北岐滩涂。使用探索长焦镜头 7 倍变焦，纵向拍摄 8 张单元照片。

2. 利用多点横移法

图 6-1-10

《立根大地矗云天》（图 6-1-10），拍摄于青岛市。使用多点横移法拍摄，在 3 个机位上各拍摄 1 张单元照片。

3. 利用俯、平多视角拍摄

图 6-1-11

《满怀期待迎归航》(图 6-1-11)，拍摄于青岛市。拍摄 3 行 6 列单元照片，设置 6 个呈直线排列的机位。在每个机位上，从垂直俯拍开始，逐渐仰起镜头，拍摄 3 张单元照片。后期将以俯、平视角拍摄的单元照片接片，形成母版。

图 6-1-12

4. 利用多机位矩阵式拍摄

《院士港湾》（图 6-1-12），拍摄于青岛国际院士港。拍摄 5 行 4 列单元照片并进行接片。

第二节　局部替换

局部替换就是在使用无人机拍摄较大场景后，补拍场景内的变化要素，并在后期制作时将补拍的图替换到原来的母版中。补拍的图可以是一张单元照片，也可以是多张单元照片的接片。

注意这里的“替换”指替换原本大场景中的局部，不能改变原本场景的光位和透视关系，要能基本还原场景的本来面貌。

其实，局部替换的工作不仅仅在后期合成的阶段进行，在前期拍摄时就已经开始了。摄影不仅是记录对象、记录场景，更是要展示摄影人的创造力和情绪营造能力，从而使摄影人成为“按快门的画家”。因此，在拍摄时，我们就应构思好哪里需要进行局部替换，如何替换能让作品出彩。

局部替换是在原有构图中对画面的局部进行调整，从而实现二次构图、二次修补、区域曝光、反差调整、强化清晰度等目的。局部替换犹如前期拍摄的“PS”，可以增加场景要素，丰富作品内容；可以拓展宽容度，优化画面曝光效果；可以增加亮点元素，提升作品的趣味性；可以调整单元照片之间的错位，完善画面；可以改变局部结构，强化作品的表现力。

局部替换的方法

1. 场景替换

首先拍摄整体场景，拍摄的单元照片要多一些，最好以矩阵式拍摄。然后，在原机位补拍局部出现的有动态变化的物体，注意补拍的单元照片要与整体场景的单元照片之间有足够多的相同元素。

《怡然自得赏春光》（图 6-2-1），拍摄于青岛市某游乐场。因为吊篮在不停地旋转，所以一次性拍到所有人物的正面并不容易。先拍摄 2 行 3 列整体场景的单元照片，然后在原机位上继续拍摄若干张单元照片，并从中挑选出 3 张有人物正面的单元照片进行替换，使拍摄主体（人物）更加突出。

图 6-2-1

图 6-2-2

2. 焦距替换

除了常用的 24 毫米等效焦距镜头外，无人机还有一个等效焦距为 162 毫米的探索长焦镜头。可以用这只镜头来做一些大场景的补拍工作，尤其是拍摄类似太阳、月亮等需要局部变焦的景物。

《日出东方万象奇》（图 6-2-2），拍摄于泰安市东平湖湿地。使用 4 行 3 列单元照片接片后，天空、地面、水面的亮度反差很大，因此采取每行单独设置曝光参数的拍摄方法再次拍摄整体场景。为了增强日出东方的氛围，使用探索长焦镜头对太阳放大 7 倍进行单独拍摄，后期制作时再进行局部替换。

3. 兴趣点替换

兴趣点是作品中那个能打破平淡，让人眼前一亮的局部。它在画面中起强调环境氛围的作用，能给观者带来更多想象空间。有时，随时间的变化，拍摄场景中会产生新的兴趣点，这就要单独补拍含有新兴趣点的局部，进行局部替换。

图 6-2-3

《曙光初照》（图 6-2-3），拍摄于青岛银海国际游艇俱乐部的码头。清晨，逆光拍摄 3 行 7 列单元照片。不久，太阳升高，太阳周围出现了漂亮的光环，但水面已经没有了太阳初升时的色彩。因此使用 AEB 补拍太阳及其周围的光环。后期制作时，先对补拍的局部场景进行 HDR 合成，然后再将合成后的局部母版与整体场景的 21 张单元照片对齐，进行局部替换。

4. 曝光度替换

实战中，我们经常会遇到远远超出感光元件技术性能范围的大光比场景（比如拍摄日出、日落时）。由于硬件的限制，此时拍出的照片不是高光处过曝，就是暗部黑死。针对这个问题，我们可以先对整体场景设置曝光参数并拍摄，然后针对高光部分（或暗部）调整曝光参数，进行局部补拍，并在后期合成时进行局部替换。

图 6-2-4

《日上南天门》(图 6-2-4)，拍摄于泰山。逆光拍摄时正对着太阳，光比较大。使用 180° 全景预设，先以山体为基准进行曝光参数设置并拍摄，天空稍有过曝。然后回到原来机位，以天空为基准进行曝光参数设置，再拍一组 180° 全景。两组全景共拍摄 42 张单元照片。后期合成时择优选用，保证正确还原山体样貌，暗部无噪点，同时保证太阳和彩云亮丽，层次细腻、分明。

图 6-2-5

5. 机位替换

遇到复杂的拍摄场地，使用单一机位无法保证构图完整时，需要进行多机位拍摄，通过改变机位来拍摄用于替换的局部场景。

《帆船之都》（图 6-2-5），拍摄于青岛奥林匹克帆船中心。为充分表现奥运主题，以五环（奥林匹克标志）为前景，透过前景来拍摄主体（楼群）。使用不同机位拍摄前景与主体，并进行局部替换，实现前景与主体的完美融合。

图 6-2-6

五环前方不足 3 米处停了一艘游艇，想要拍到五环的正面，无人机只能在五环和游艇之间活动，甚至需要关闭避障功能。此时，无人机距离五环很近，如果使用单机位拍摄十几米宽的五环，势必造成五环严重变形。

因此，使用多点横移法进行拍摄。设置 3 个机位，在每个机位上、下各拍 1 张单元照片（图 6-2-6），以确保五环以正视角度充满画面。

图 6-2-7

五环与楼群的距离很大，在五环前使用多机位拍摄会产生很大的视差，导致楼群发生严重错位，接片时无法消除错位的痕迹，甚至会导致同一物体在画面中重复出现。

为解决这个问题，将无人机飞越五环，在五环后方单独拍摄楼群，各机位高度与拍摄五环的各机位高度一致。为了使拍摄五环和拍摄楼群时的视角保持基本一致，无人机要背靠五环，越近越好。使用单点旋转法拍摄 3 张单元照片（图 6-2-7）。

图 6-2-8

后期制作时，将五环的 6 张单元照片导入 PS，使用自动投影方式分别对齐在每个机位上拍摄的 2 张单元照片，合成 3 张母版（图 6-2-8）。

图 6-2-9

然后使用自动投影方式对齐这 3 张母版，其中第三张母版（右侧母版）不能自动对齐，改用手动对齐，合成五环母版（图 6-2-9）。

图 6-2-10

使用圆柱投影方式拼接 3 张楼群的单元照片，合成楼群母版（图 6-2-10）。

图 6-2-11

手动对齐楼群母版与五环母版（图 6-2-11），然后添加蒙版，使用画笔擦去多余部分。

第三节　创意夜景

夜景分为自然夜景和城市夜景。

拍摄创意夜景与拍摄一般的夜景不同。创意夜景指把夜景当作主观的艺术创作空间，强调摄影人的创造力。创意夜景不是简单的复制场景，而是通过 AEB、模拟多重曝光、堆栈替换等方法，克服夜景拍摄的难点，重塑夜

景的摄影艺术。创意夜景是把客观真实变成心理真实，从而达到自然光线与“心灵之光”的完美融合。

创意夜景的核心是创意，拍摄时，不需拘泥于传统的拍摄方法，要利用无人机摄影的技术优势，打破常规，创新拍摄理念，不但要拍出环境之美，还要拍出意境之美。创意夜景摄影作品应该能展示出人与城市、人与景观之间的和谐之美。

《海滨夜曲》（图 6-3-1），拍摄于青岛市。于蓝光时刻拍摄 2 行 8 列单元照片。

图 6-3-1

一、夜景拍摄的难点

1. 难以拍出清晰轮廓

夜景拍摄的最大难点在于光线不足。光线不足会导致被摄物轮廓模糊、画面层次不清。

2. 难以拍出天空的层次

夜景拍摄时光比很大，为保证主体曝光正常，可能会导致天空死黑。天空没了层次，整个画面就会显得沉闷。

3. 难以长时间曝光

无人机不能进行长时间曝光，它的最长曝光时间是 8 秒，并且 8 秒是极限值。在实战中，曝光 2 秒以上的照片就很难用得上了。因此，我们不能通过长时间曝光直接拍出光滑的车轨轨迹。

4. 难以控制噪点

噪点同感光元件、感光度和曝光时长有关，而这些都是无人机技术性能方面的弱项。虽然大疆御 3 无人机的感光度区间是 100 ~ 6400，但是在夜景拍摄中，感光度超过 400 时，画面中就会出现大量噪点。

5. 难以防抖

夜景拍摄属于低照度摄影，往往需要用较慢的快门速度，对设备的防抖要求很高。无人机矩阵式拍摄不是按下快门就万事大吉，而是需要若干张单元照片相互叠加，若是单元照片中有一张是模糊的，就意味着拍摄失败。因此，使用无人机拍摄一个场景的操作时间会比单片拍摄的用时长得多难度也大得多。这就对无人机的稳定性和防抖功能提出了很高的要求。尽管大疆御 3 无人机有较为高级的陀螺仪稳定功能和高灵敏度 3D 增稳，但其稳定性仍然没有达到理想程度。

6. 难以对焦

夜景拍摄是在弱光环境中进行的，较暗的光线会干扰无人机自动对焦。一组单元照片中，如果有一张单元照片对焦不实，就意味着拍摄失败。因此，在拍摄夜景时最好使用手动对焦。

二、夜景拍摄创意方法

（一）模拟蓝光时刻

蓝光时刻指日出前或日落后约一小时之内的时间段。这个时间段的天空颜色最利于夜景拍摄。

蓝光时刻之所以适合夜景拍摄，一是因为这时天还很亮，光比较小，景物的轮廓比较清晰；二是因为这时画面易于形成冷暖对比。如果在其他时间段内能够解决好光比和冷暖调这两个问题，就能延长无人机夜景拍摄的有利时间。

模拟蓝光时刻是在非蓝光时段，在同一场景中，使用不同曝光量、色温进行两次完全重叠的拍摄，并在后期制作时将两次拍摄的结果择优合成的一种拍摄方法。

1. 拍摄要领

（1）利用无人机接片可以实现多次曝光的特点，在同样的场景中拍摄两组照片，可以使用单张拍摄模式手动拍摄，也可以使用全景预设模式拍摄。无论使用哪种方式，两组单元照片的数量应该一致。

（2）拍摄两组同样场景的目的是通过设定不同的曝光参数解决夜景色彩反差过大的问题，同时还要通过不同的色温解决夜景的色彩对比问题。拍摄两组照片的侧重点不同，解决的问题也不同。一组要保证城市灯光的正确曝光，保证色调准确，保证城市建筑的轮廓完整；另一组要大幅提高曝光度，让画面中暗的部分亮起来，同时要大幅调低色温，让天空呈蓝色调（曝光补偿一般要在 +3EV 以上，色温一般要降低约 2500K）。

（3）要在同一机位上拍摄两组照片，不能出现位移和偏差，两张母版必须能够完全重叠。

2. 作用

（1）扩大了无人机夜景拍摄的时间范围。

（2）由于画面中暗的部分被刻意提亮，因此噪点大幅减少，画面品质大幅提升。

（3）让天空大面积的蓝色调（冷色调）与城市灯光的暖色调形成鲜明对比。

Supermiu

图 6-3-2

《华灯璀璨迎新年》（图 6-3-2），拍摄于青岛市。19：33，天已完全黑了下来。由于错过了拍摄夜景的最佳时间，此时拍摄夜景会出现很多噪点。因此使用模拟蓝光时刻进行拍摄，效果相当不错。

图 6-3-3

使用探索长焦镜头，在同一位置拍摄两组单元照片，每组 2 行 3 列。

第一组按普通拍摄夜景的方式进行曝光（图 6-3-3）。19：32 开始拍摄，为使城市灯光不过曝，曝光补偿为 -2EV，色温为 5300K。此时，城市灯光呈暖色调，天空呈暗黑色。

图 6-3-4

第二组以模拟蓝光时刻拍摄（图 6-3-4）。19：33 开始拍摄，加大曝光量，曝光补偿为 +3EV，色温降低至 2500K。此时，黑色部分被整体提亮，天空呈现出蓝光时刻的拍摄效果。

图 6-3-5

为进一步强调和突出主体，待主体（高楼）灯光璀璨、色彩鲜艳时补拍 1 张单元照片（图 6-3-5）。

共拍摄了 13 张单元照片。

图 6-3-6

后期制作时，将 13 张单元照片导入 PS 进行自动对齐，拼接第一组单元照片及补拍的主体的单元照片（图 6-3-6），然后合并图层（第一组图层）。

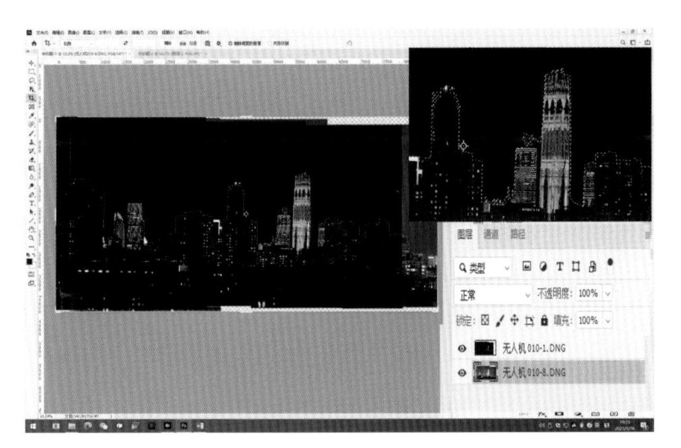

图 6-3-8

在 PS 选择菜单栏中找到“天空”，在第一组图层上添加天空选区（图 6-3-8）。

图 6-3-10

图 6-3-7

拼接第二组单元照片（图 6-3-7），合并图层（第二组图层），并将它放在第一组图层的下方。

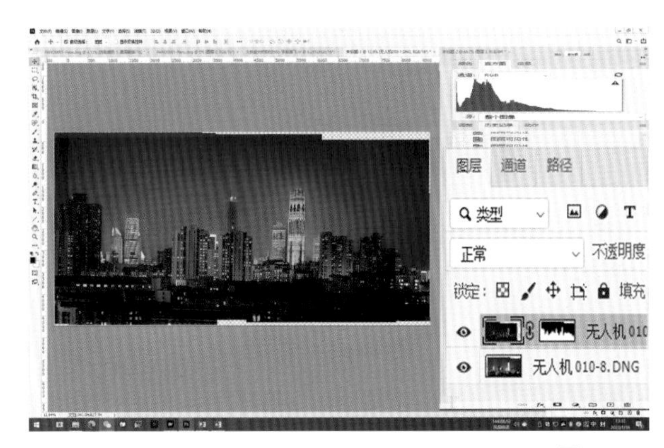

图 6-3-9

添加反向蒙版（图 6-3-9）。此时，天空部分已经替换成了第二组图层的天空部分，但画面中暗部的噪点问题仍未解决。

复制第二组图层并将其移到最上层，将图层混合模式改为“变亮”，然后添加反向蒙版。在蒙版上用黑色画笔擦出暗部。用第二组图层的暗部替换第一组图层的暗部，使噪点消失（图 6-3-10）。最后合并图层。

（二）堆栈替换

在夜间拍摄较大场景时，拍出车轨是一个不错的选择。车轨是汽车车灯随汽车移动而在画面中形成的一条光滑的光轨。由于无人机没有长时间曝光功能，不能直接将车轨拍出，需要用堆栈替换的方法来解决这个问题。

1. 拍摄方法及后期制作

（1）拍摄整体场景，要拍得稍大一些，单元照片要多一些。

（2）对可产生车轨的局部进行堆栈拍摄，单元照片数量约为 50 张。

（3）后期制作时，先进行整体场景的接片，再进行堆栈部分的接片，最后用堆栈部分母版替换整体场景母版中相同的部分，完成局部替换。

2. 技术要领

（1）拍摄堆栈部分的单元照片时，要与拍摄整体场景中相同位置的单元照片保持同一机位。

（2）车轨是所有堆栈单元照片叠加后的效果，其本质是将每一张单元照片中车辆的灯光（点）在母版中连成线，因此堆栈单元照片不能太少。

（3）在无人机稳定、可控的前提下，拍摄单元照片的曝光时间越长越好，风力不大时，可曝光约 2 秒。

（4）整体场景的拍摄与堆栈拍摄不分先后，但最好先整体场景，后堆栈。

3. 堆栈拍摄步骤

（1）回到拍摄整体场景时相同的机位（只在能产生车轨的局部进行堆栈拍摄），设置定时拍摄，时间间隔为 3 秒。

（2）按下快门，无人机会以 3 秒的间隔不停拍摄。无人机没有控制拍摄数量的内置程序，拍摄过程中需进行人工计数。

（3）再按一次快门，停止拍摄。

图 6-3-11

《夜的律动》（图 6-3-11），拍摄于青岛市。使用模拟蓝光时刻、180° 全景预设拍摄 3 行 7 列单元照片，完成整体场景的拍摄。然后进行堆栈拍摄。

图 6-3-12

后期制作时，先将整体场景的 21 张单元照片导入 ACR，使用圆柱投影方式，合成整体场景的母版（图 6-3-12）。

然后制作局部场景。使用 PS，依次选择菜单栏中的“文件”“脚本”“将文件载入堆栈”（图 6-3-13）。

在弹出的界面（图 6-3-14）中点击浏览，全选堆栈单元照片（图 6-3-15），点击“确定”。

图 6-3-13

图 6-3-14

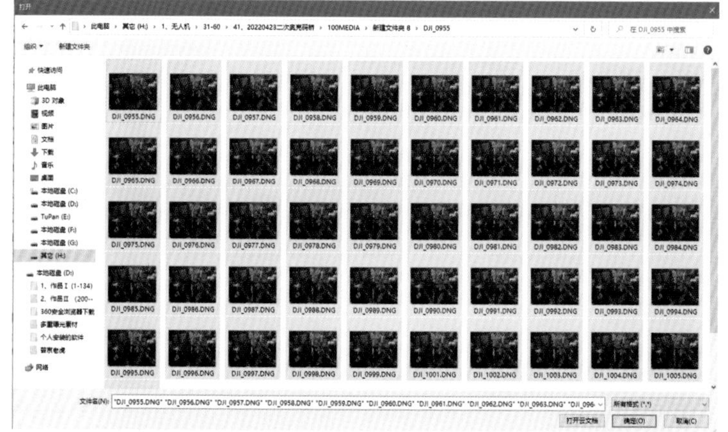

图 6-3-15

图 6-3-16

勾选“尝试自动对齐源图像”“载入图层后创建智能对象”（图 6-3-16），点击“确定”。堆栈单元照片越多，合成的时间越长。

合成完成后，依次选择菜单栏中的“图层”“智能对象”，“堆栈模式”“最大值”（图 6-3-17）。

软件会进行自动渲染，实现所有堆栈单元照片的叠加（图 6-3-18）。

最后，用堆栈照片母版替换整体场景母版中的相同部分（图 6-3-19）。

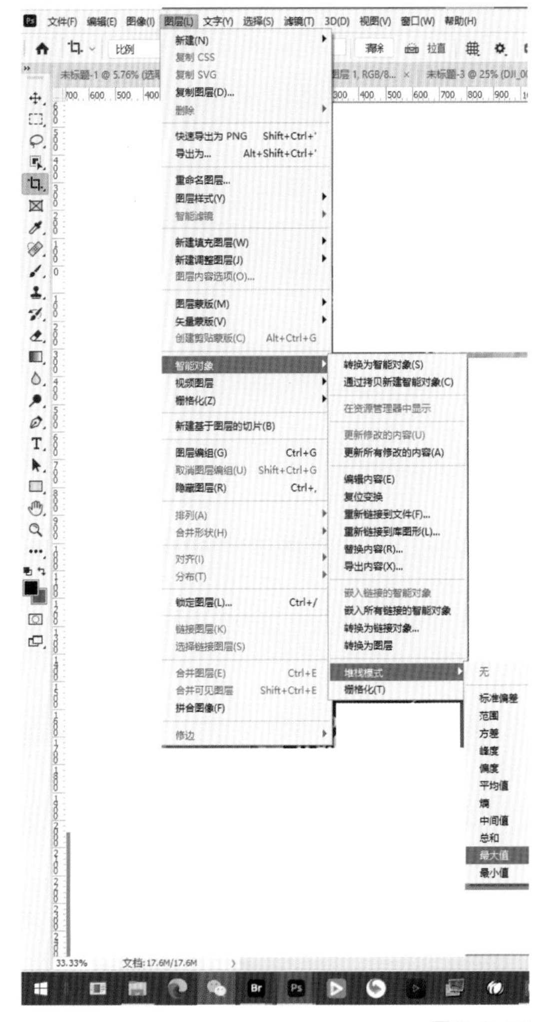

图 6-3-17

图 6-3-18

图 6-3-19

（三）模拟慢门

模拟慢门是在无人机没有慢门功能的情况下，通过堆栈拍摄模拟出慢门效果。

这种拍摄方法是在一个机位上，每隔一定的时间拍摄一张单元照片。

模拟慢门能够实现动态物体“动”的重叠、累加，有的是化无为有，有的是聚少成多，有的是变快为慢。用这个方法可以拍出人们在一个时间点内难以全部看到的景象，会给人新奇的感觉，让画面有美感和动感。模拟慢门是夜景拍摄的重要手段之一。

模拟慢门的后期制作方法与堆栈替换的差不多，都要进行堆栈合成。但是，模拟慢门要用多张堆栈母版进行母版再接片，而不是进行局部替换。

图 6-3-20

《如絮云朵罩琼楼》（图 6-3-20），拍摄于青岛市。入夜，洁白的云彩飘在空中，慢慢地被风扯成一丝丝、一缕缕。这是使用慢门让白云“聚少成多”的好机会。使用横列式拍摄 3 组单元照片，每一组单元照片都是连续的 30 张堆栈照片。后期制作时，首先使用堆栈方法合成单元照片母版，然后再把合成的单元照片母版自动对齐，合成最终母版。

拍摄时，单元照片的曝光时间要尽可能地长，并且要拍摄多组单元照片。因此，拍摄时间很长，拍摄时一定要考虑风力、风向，让无人机在稳定性可控的时段工作。

注意，单元照片的组数不宜过多，因为每一张母版都是由多张单元照片合成的，多一组单元照片，总体拍摄时间就会增加很多。另外，单元照片之间的重叠要比普通接片的大一些。

至于单元照片的数量，要依据动态物体的速度、无人机的曝光时间、需要达成的效果来决定，一般在 20 ~ 100 张。

（四）HDR 高动态合成

在拍摄夜景时，特别是在非蓝光时刻拍摄夜景时，无人机的宽容度远远满足不了需求。要解决这个问题，就要用到 HDR 高动态合成法。

HDR 高动态合成法：使用多档曝光参数，分别拍摄若干正、负曝光补偿的单元照片。后期制作时，先合成 HDR 母版，再进行母版接片。新版的 ACR 具有一次性合成 HDR 全景母版的功能，操作简单，使用方便。

1. 作用

（1）增加照片的细节层次，确保高光不过曝，暗部不欠曝。

（2）把大光比、高反差的场景汇集在同一画面中，同时展现高光、中间调、暗部的层次。

（3）减少噪点，保留细节。

2. 技术要领

（1）使用 AEB 拍摄，简化拍摄程序，提高拍摄效率。无人机的 AEB 功能能够连续拍摄 3 张或 5 张曝光度不同的单元照片，曝光差为 0.7EV，拍摄顺序为正常曝光，−0.7EV，+0.7EV，−1.3EV，+1.3EV。因其曝光差较小，一般选择 5 张单元照片。

（2）反差较大的局部单独使用 AEB 补拍。

（3）对稳定性要求很高，一组 AEB 单元照片中不能有任何一张产生错位。

（4）使用 AEB 拍摄的单元照片需要储存为 RAW 格式，这样才能保证图像的品质。如果储存为 JPEG 格式，增加的图像细节会被 JPEG 格式的自身局限抵消殆尽。

《风卷火炬映夜空》（图 6−3−21），拍摄于青岛市五四广场。场景的光比很大，远远超出了无人机的宽容度，因此使用上下 7 张单元照片纵列式接片，每一张单元照片都使用 AEB 拍摄 5 张照片，共 35 张单元照片。

后期制作时，将 35 张单元照片导入 ACR，勾选“合并为 HDR 全景”，合成母版。母版暗部较黑且细节丰富，亮部耀眼却不失层次。

图 6-3-21

（五）分区曝光

分区曝光：将画面划分为若干区域（多用于天空与地面），在不同区域使用不同的曝光参数进行拍摄。分区曝光的目的是让暗的区域亮起来，让亮的区域不过曝。

利用分区曝光拍摄夜景时，可以将天空和地面分成上下两个区域，进行 2 行多列拍摄。这样可以大幅增加天空区域的曝光量，一般情况下，天空区域的曝光量为 +2EV ~ +3EV，这样天空就会亮起来，层次就会显露出来；还可以适当增加地面区域的曝光量，在城市灯光不过曝的基础上提亮暗部，减少噪点。

分区曝光需要进行两次拍摄，第一次按照预设的天空曝光参数进行拍摄，第二次按照预设的地面曝光参数进行拍摄。后期制作时，挑选两组单元照片中曝光理想的，合成母版。

分区曝光的技术要领总结如下。

1. 单元照片之间要有足够的重叠

行与行之间的重叠要更大一些，尤其是天空区域与地面区域相接的单元照片之间的重叠要更大。

2. 使用同样的全景预设

拍摄场景不能错位。拍摄的两组单元照片要比实际画面需要的单元照片多很多，为后期合成提供更多选择。后期制作时，可以择优挑选单元照片，也可以直接使用全景预设母版。

3. 合理处理不同区域的曝光量

分区曝光的重点是分区，方法是曝光差异，目的是缩小光比、拓展宽容度。因此，要合理处理不同区域的曝光量，找准每一次拍摄的侧重点。一般情况下，地面区域的曝光重点是城市灯光，天空区域的曝光重点是天空细节，比如云彩。

图 6–3–22

《灯的璀璨云知道》（图 6–3–22），拍摄于青岛市。如果按常规的夜景拍摄方法拍摄，白云会淹没在黑色的天空里，影响整体效果。故使用 180° 全景预设，进行两次曝光量不同的拍摄，两次曝光量差 3EV。后期制作时，局部替换了天空区域，进行了二次构图。

（六）模拟多重曝光

多重曝光是一个来自胶片相机的概念，是在一个底片上进行多次曝光。目前无人机还没有这种功能，故而将这个方法称为模拟多重曝光。

模拟多重曝光就是根据多重曝光的原理，分别拍摄同一场景的日景和夜景，再将日景和夜景合成在一个画面中。

1. 技术要点

（1）在黄昏或者黎明时拍摄日景，一般要做欠曝处理；在夜晚灯光辉煌时拍摄夜景，这样可以拍到最美的灯光效果。

（2）拍摄日景和夜景的侧重点不一样，拍摄日景的重点是获取场景中景物的边缘线条，保证轮廓清晰；拍摄夜景的重点是确保灯光的曝光正确、色彩饱和。

（3）因为要进行日景和夜景的合成，所以两次拍摄的画面要绝对重合，要在同一机位进行拍摄，不能有错位、偏移。

2. 作用

（1）解决拍摄夜景时由于光线不足而造成的轮廓模糊、暗部死黑、噪点过大的问题。

（2）增加场景要素，特别是展现出天空的细节、层次。

（3）可以正确还原夜景灯光的色彩，增加被灯光打亮的建筑的细节、层次，真实地反映城市夜晚的绚丽。

图 6-3-23

《晨光夜色两相宜》（图 6-3-23），拍摄于青岛市。使用模拟多重曝光，把晚上拍摄的夜景和早晨拍摄的日景合成在一个画面中。

图 6-3-24

因为拍摄夜景和日景的时间跨度很大，所以要利用无人机轨迹延时功能建立拍摄点，保证第二次拍摄时仍在同一机位。

设置好后，开始拍摄夜景。19：31，使用探索长焦镜头，拍摄 2 行 3 列单元照片（图 6-3-24）。曝光补偿为 -2EV，目的在于使灯光不过曝。

图 6-3-25

第二天早上 7：42，将无人机飞至拍摄点，拍摄 2 行 3 列单元照片（图 6-3-25）。曝光补偿为 -2EV，目的是拍下建筑物的轮廓。

实用提示

大疆御 3 无人机升级后增加了单独的航点飞行模式。这个模式同样可以记录航点，让无人机的位置和机身、镜头姿态能够与上一次的完全一致。

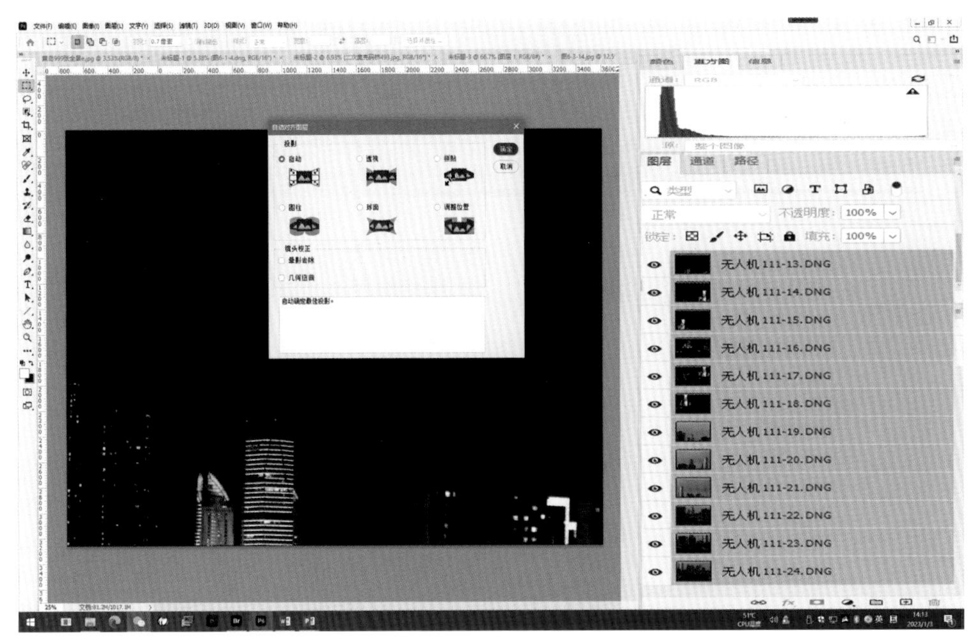

图 6-3-26

后期制作时，将 12 张单元照片以自动投影方式对齐（图 6-3-26），使日景单元照片和夜景单元照片分别拼接，并使日景单元照片和夜景单元照片上下对齐。

图 6-3-27

合成日景母版和夜景母版（图 6-3-27）。

图 6-3-28

将上面的图层的混合模式改为“变亮”（图 6-3-28）。

图 6-3-29

合并日景图层与夜景图层，裁切画面（图 6-3-29），适当调整，完成创作。

第七章

无人机多机位、多母版接片

多机位、多母版接片：使用多个机位拍摄，在每个机位拍摄一个局部场景、若干张单元照片，再从多组单元照片中择优选择，将它们合理并无缝地组合到一起。

进行多机位、多母版接片需要事先设计好拍摄方法和程序，在同一环境下变换机位，对各机位的拍摄优势进行重新整合，制作出新的作品。摄影人可以借这种创作方法来表现主要内容、阐述主题、突出主体、诠释作品的内涵。

使用多机位、多母版接片进行创作时，摄影人更多的是在“创造照片”，而不仅仅是“拍摄照片”。摄影人可以重塑画面的意境，展示理想化的内容，让作品更具美学价值和社会价值，使摄影作品不再是凝固的、稍纵即逝的瞬间，而是一种“合成艺术”。

无人机多机位、多母版接片需要摄影人有很好的飞行技术，更需要摄影人有很好的拍摄技术。机位的选择能够反映摄影人的哲学观点和美学理念。深入研究多机位、多母版接片，厘清拍摄步骤，掌握拍摄方法，明确各类细分方法的适用场景、技术要领、注意事项等，对展示摄影人的创造力，传达摄影人的情绪有着重要意义。

第一节　上下机位法

上下机位法：使用无人机拍摄全景照片时，保持机位平面坐标不变，仅上下移动一次或多次，并在每个高度上拍摄一张或多张单元照片。

机位的高度不同，视角就不同，拍到的景物也不同。无人机飞得越高，拍摄到的景物之间的相互遮挡越少，景物之间的距离越大，画面纵深感越强，但构建前景的难度更大，处理主体位置的难度也更大。反之，无人机飞得越低，拍摄到的景物之间容易相互遮挡、重叠，画面纵深感弱，但更容易搭建前景，也更容易拍到主体的正视角度。

上下机位法能够兼顾无人机高飞与低飞的优势，集主体的正视角度与画面的强纵深为一体。

一、技术要领

1. 上下机位要垂直

操控无人机飞高时，打杆要准，不能左右移动，避免无人机偏离原始坐标。

2. 处理好主体与前景的关系

主体最好为正视角度拍摄。使用上下机位拍摄时，我们往往专注于避免背景中的景物重叠，而忽略前景的搭建，影响整体构图。

3. 单元照片之间的重叠要大

单元照片之间的重叠要比普通拍摄方法的大。机位高度差越大，单元照片之间的重叠应越大，甚至两张单元照片之间可重叠 3/4。

4. 景深基本一致

被摄物之间前后距离较大时，要协调好对焦点，确保景深位置大体一致，避免后期合成时出现虚实相接的痕迹。

5. 手动设置白平衡

在色温变化较大时，尤其是在拍摄日出、日落时，要手动设置 K 值，避免单元照片之间的色调不一致。

6. 手动调整曝光

拍摄明暗变化较大的场景时，特别是镜头中出现太阳时，单元照片的曝光度最好一致，使用自动曝光会增加后期接片的难度。光比过大时，可以单独拍摄高光部位（如太阳），进行局部替换。

7. 手动接片

后期制作时，有时不能使用软件自动对齐，需要手动接片。

二、应用实例

1. 强化画面纵深

拍摄这个作品（图 7–1–1）共使用了 5 个机位，机位总高度差为 231.5 米。使用多个机位，是为保证画面的纵深感，并使接片的单元照片之间能够平滑过渡。

首先，将无人机飞至机位 1 俯拍，其主要目的是使构图结构完整，保证主体在整个画面的黄金分割线上，同时将水面上的太阳光作为前景，让画面的层次更丰富。

然后，在此高度上平拍，其主要目的是以平视角度拍摄主体，但背景与前景较近，景物之间略有重叠。

之后，将无人机飞至机位 2 拍摄，其主要目的是使主体（回澜阁）与后面的景物拉开距离，但与远景景物之间的纵深仍不到位。此时，拍摄到的主体已近乎是俯视图了。

再将无人机飞至机位 3，此时背景中的游艇已几乎没有重叠，但游艇后面的景物仍有重叠，纵深仍不到位。

继续将无人机飞至机位 4，加强游艇后面的建筑的纵深感，但最后的山体及楼房之间的纵深感还有欠缺。

最后将无人机飞至机位 5，山体、楼房与前面的景物之间几乎没有重叠了。

后期制作时进行手动接片，合成一个主体突出、画面纵深感强、层次多的母版。

《步步高飞览胜景》（图 7–1–1），拍摄于青岛栈桥。使用上下 5 个机位拍摄 6 张单元照片（图 7–1–2），在机位 1 拍摄 2 张单元照片。机位之间的高度差很大，这可以避免畸变产生，同时大大增强视觉冲击力，但后期接片时需要手动操作。

机位 5
（207.97 米）

机位 4
（106.97 米）

机位 3
（56.57 米）

机位 2
（6.67 米）

机位 1
（-23.53 米平拍）

机位 1
（-23.53 米俯拍）

图 7-1-2

图 7-1-1

2. 校正主体变形

使用上下机位法时，可以在每个机位上拍摄 1 张单元照片，也可以在每个机位上拍摄多张单元照片。无人机的全景预设能够帮助摄影人在多个机位上完成多张单元照片的拍摄。

同时，无人机的全景预设具有合成母版的功能，方便摄影人即时观看合成效果，迅速发现拍摄中的问题。

图 7-1-3

《忽见琼楼迎面来》（图 7-1-3），拍摄于青岛市山东国际贸易大厦。

图 7-1-4

使用 180° 全景预设，在 16.7 米的高度进行拍摄。查看母版（图 7-1-4），整体构图较均称，主体与陪体相呼应，特别是主体跨越了地平线，高耸入云，使画面错落有致。但仰拍视角使主体发生了较为严重的变形。

图 7-1-5

为了解决主体变形的问题，保持原平面坐标不变，将机位升高 39 米拍摄第二张全景照片（图 7-1-5）。此时主体变形的情况得到了改善，但各建筑之间的错落感消失，整体构图较为平淡。

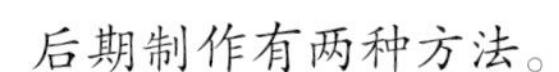

后期制作有两种方法。

单元照片替换法：将在下机位拍摄的包含主体的单元照片直接删除。然后将在上机位拍摄的包含主体的单元照片放入放有下机位单元照片的文件夹。最后将文件夹中的单元照片导入 ACR 进行接片（图 7-1-6）。

图 7-1-6

由于使用了在不同机位上拍摄的单元照片自动对齐合成了母版，初步合成的图像不规则，需手动调整，校正歪斜。

母版替换法：分别拼接在上机位和下机位拍摄的两组单元照片，得到两张母版。然后用 PS 中的对象选择工具，使用上机位母版中的主体替换下机位母版中的主体。

3. 调整构图结构

图 7-1-7

《海上养殖》（图 7-1-7），拍摄于青岛市即墨区田横岛。使用上下 2 个机位拍摄两组 180° 全景照片。

无人机在上机位的飞行高度为 58.62 米，拍出了养殖场中小岛的气势，画面层次丰富，纵深感很强。但画面的下半部分内容不足，整体构图也不够理想，天空、地面各占一半（图 7-1-8）。

图 7-1-8

图 7-1-9

无人机在下机位的飞行高度为 40.02 米。拍出了位于画面下部的圆形围网，但画面纵深感减弱（图 7-1-9）。

图 7-1-10

后期制作时，将在下机位拍摄的最下行的 7 张单元照片放入放有上机位拍摄的 21 张单元照片所在的文件夹中，此时文件夹中有 28 张单元照片。将这 28 张单元照片全部导入 ACR，以圆柱投影方式进行对齐，合成母版（图 7-1-10）。机位的高度差造成了一定的视差，自动接片时，母版的边缘有部分扭曲，需要再导入 PS 进行手动调整，对其进行裁切、二次构图。

第二节　前后机位法

前后机位法：保持无人机的飞行高度不变，仅前后移动，可以移动一次，也可以移动多次，并在每个机位上拍摄一张或多张单元照片。后期制作时，择优选择单元照片，合成母版。前后机位法多用于两个或多个母版照片之间的局部增加或替换。

一、前后机位法的作用

1. 调整纵深

在后机位上拍摄的画面纵深小，下半部分的景物较多；在前机位上拍摄的画面纵深大，上半部分的景物较少。因此，可以利用前机位加大纵深，利用后机位增加画面下半部分的景物。

2. 改变构图

拍摄时，可以先用 180° 全景预设拍摄一组单元照片，然后将无人机向后移动若干距离，再用 180° 全景预设拍摄一组单元照片。后期制作时，将在后机位上拍摄的最下方的一行单元照片与在前机位上拍摄的所有单元照片一并对齐，合成一张母版，实现改变构图的目的，达到风光摄影的理想拍摄效果。

二、前后机位法的技术要领

1. 移动机位时操作要准确，避免单元照片错位。

2. 拍摄时，前后机位的距离不必太远，一般在 30 米以内。后期制作时，根据前后机位距离，在前机位单元照片矩阵的下方增加 1 行或 2 行后机位单元照片。

3. 在前后机位拍摄的多组单元照片中，不能出现影响后期合成的新景物（独立存在于某一组单元照片的景物）。

4. 多组单元照片之间的拍摄间隔不宜太长，尤其是在日落、日出时，场景中光度、光比以及色温变化很快。因此，拍摄应一气呵成。

5. 协调好景深范围，避免后期制作时因虚实相接而出现拼接痕迹。

6. 多组单元照片之间的曝光度最好一致，建议手动调节曝光参数，自动曝光会增加后期合成的难度。

LOVE

图 7-2-1

《遥看草色近却无》（图 7-2-1），拍摄于青岛市西海岸生态观光园。无人机飞行高度为 101.01 米，为了增加地平线以下的景物，又不使画面纵深变窄，使用 180° 全景预设、前后机位法拍摄。

图 7-2-2

使用 180° 全景预设拍摄第一组单元照片。在合成的母版（图 7-2-2）中，几乎是一半天空，一半地面，构图不合理，但画面纵深好，景物之间基本没有遮挡。

图 7-2-3

保持无人机飞行高度不变，向后直线移动约 10 米，拍摄第二组 180° 全景照片。本次拍摄的重点是地面上的景物，目的是弥补前机位拍摄画面的不足（图 7-2-3）。

后期制作时，将前机位单元照片与后机位单元照片的最下一行接片，形成母版。

三、后期制作方法

（一）单元照片替换法

后期制作时可以使用 PS 或 ACR 进行接片，使用这两款软件接片的流程有一些不同。

1. 使用 PS 接片

如果拍摄了两组 180° 全景照片并使用 PS 接片，在把单元照片导入 PS 之前，应先把在后机位拍摄的最下行的 7 张单元照片放入放有前机位单元照片的文件夹中，直接替换在前机位拍摄的最下行的 7 张单元照片。然后，把替换好的 21 张单元照片导入 PS，使用自动对齐功能，混合图层，完成接片。

2. 使用 ACR 接片

如果使用 ACR 接片，由于 ACR 与 PS 的计算方式不同，要把在后机位拍摄的最下行的 7 张单元照片与在前机位拍摄的所有单元照片一并导入软件（共 28 张），然后选择圆柱投影方式对齐，完成接片。

（二）母版替换法

后期制作时，先将在前机位与后机位拍摄的两组单元照片分别接片，得到两张母版（前机位母版和后机位母版），然后使用自动对齐功能对齐两张母版，混合图层，调整细节，完成接片。

555
Luxury
Comfortable & Fast

图 7-2-4

《静泊》（图 7-2-4），拍摄于青岛银海大世界。使用前后机位法拍摄两组 180° 全景照片。

图 7-2-5

前机位母版（图 7-2-5）纵深感很好，建筑之间拉开了距离，相互遮挡较少，但是画面下半部分中有部分游艇不完整，画面显得拥挤。

图 7-2-6

在后机位主要补拍游艇，前后机位距离约 10 米。后机位母版（图 7-2-6）的下半部分有了留白，前景显得宽松很多。

图 7-2-7

后期制作时，将后机位最下行的 7 张单元照片放入放有前机位单元照片的文件夹中，单元照片矩阵由 3 行 7 列变成了 4 行 7 列。使用 ACR 将 28 张单元照片对齐，自动合成母版（图 7-2-7）。

第三节　左右机位法

左右机位法：保持无人机飞行高度不变，仅左右移动，可以移动一次，也可以移动多次，在每个机位上拍摄一张或多张单元照片。后期制作时，择优选取单元照片，通过累加或者替换合成母版。

一、左右机位法的作用

1. 错开重叠

无人机左右移动后拍得的场景会发生很大的变化。机位移动得恰当，会使画面中的景物互不遮挡、互不重叠。

2. 控制畸变

使用全景预设拍摄时，画面中间的物体与镜头的距离和画面两端的物体与镜头的距离不一样，这种差别越大，产生的畸变越大。利用左右机位法拍摄的两组单元照片可以拍到不同景物的正视视角照片，规避单机位拍摄全景图产生的畸变问题。

3. 避开障碍物

拍摄全景图时，画面中很容易出现障碍物，导致摄影人的构图想法无法实现。使用左右机位法拍摄时，可以将左机位设置在障碍物左侧边缘，镜头向右延展拍摄；将右机位设置在障碍物右侧边缘，镜头向左延展拍摄。这样，在左、右机位上拍到的画面会在障碍物后形成交叉重叠。有了重叠，就有了后期制作的条件，接片后，障碍物就“神奇地消失了”。

二、左右机位法的技术要领

1. 左右两个或多个机位使用的全景预设应保持一致，以保证后期接片的成功率。
2. 操控无人机时打杆要稳，要让无人机只做水平移动，高度不变。
3. 左右机位之间的距离根据构图需求而定，但不宜太远。

4. 左右机位之间不一定是绝对的无人机横向平移，有时需要随被摄物的形态做前后、上下的变化，但与被摄物的距离要大致相等，变化也不能太大。

5. 多组单元照片的曝光参数要统一，色温要一致（光位的变换会对色温产生影响）。

6. 注意控制景深，协调好局部场景与整体场景的景深关系，防止画面因虚实相接而出现拼接痕迹。

7. 后期处理时，多数情况下可以使用软件自动接片，但有时也需要手动接片。

三、应用实例

1. 青岛港码头实景拍摄

《繁忙前的静谧》（图 7-3-1），拍摄于青岛港的 8 号码头。在左右两个机位分别使用 180° 全景预设拍摄。在左右机位上，无人机的飞行高度分别为 23.19 米和 23.29 米。

图 7-3-1

图 7-3-2

右机位距离主体（吊车）较近，可以突出主体，画面左边的场景也较大，突出了港口繁忙的景象，但岸前方竖排的吊车相互重叠，使画面沉闷（图 7-3-2）。

图 7-3-3

左机位与右机位的间距约为 15 米，岸前方竖排吊车左右拉开了距离（图 7-3-3）。

后期制作时，将在左机位拍摄的涉及左岸远处吊车群的 3 行 2 列单元照片放入放有右机位单元照片的文件夹中，并替换在右机位拍摄的相同位置的 3 行 2 列单元照片。然后，把右机位单元照片文件夹中的所有单元照片导入 ACR 进行分区接片（左侧 3 行 2 列单独接片），然后将两个母版导入 PS，在 PS 中进行手动接片。

2. 青岛市海岸线实景拍摄

图 7-

图 7-3-4

图 7-3-6

《高天流云》（图 7-3-4），拍摄于青岛市。使用左右机位法拍摄了两组 180° 全景照片。

在左机位拍摄的画面（图 7-3-5）中，主体（楼群）在画面中占据较大面积，非常突出，画面构图较好，但海岸线比较垂直。

无人机平移约 10 米到达右机位，拍摄的画面（图 7-3-6）中主体较小，但楼群的层次拉开了，海岸线也变得平缓了很多。

后期制作时，将在右机位拍摄的主体以外的部分替换到左机位母版中。

第四节　反向机位法

反向机位法：让无人机的飞行高度和平面坐标都不变，先在一个方向上进行拍摄（可以拍摄单片，也可以拍摄全景照片），然后让机身旋转 180°，再进行拍摄。后期制作时，通过 PS 合成一幅从中心点开始向正反两个方向过渡的双视角母版。

反向机位法是非常典型的俯平仰一体拍摄方法。使用这种方法拍出的画面相当于人在垂直俯视时，通过转身看到两个方向上的景物，并把需要转身才能看到的两个方向上的景物变为不用转身也可以看到的“一个方向”上的景物。它所拍摄的景物远远超出了人类的观察习惯，能给观者很强的陌生感和怪异感，会引起观者的兴趣，带来惊喜。

使用反向机位法拍摄的场景范围很大，拍出的图片视觉冲击力很强。后期制作时，仅截取母版的局部也是一个很好的选择，可以一图三用。

这种拍摄方法一般用于拍摄立体感强的场景。正反两侧的拍摄顺序都是从垂直俯拍开始，到仰拍结束。

使用这种方法进行拍摄不是很难，但后期合成时需要摄影人有一定的接片功底，一般都需要分步或分区接片，即先合成俯拍的单元照片，再合成仰拍的单元照片，最后进行母版再接片，有时甚至需要手动接片。

一、反向机位法拍摄的技术要领

1. 选择需垂直俯拍的景物为主体

主体应该具有特色，立体感强，并在画面中占有绝对比例。

2. 控制好机位的高度

进行反向拍摄时，无人机的飞行高度和平面坐标都不能发生变化，否则后期合成的难度很大。因此，要在一开始就选好无人机的拍摄高度，保证俯拍时能完整地拍到主体。

3. 矩阵式拍摄

在正反两个方向上拍摄时，都应使用矩阵式拍摄，且至少要拍摄 3 行单元照片。最下一行的单元照片与垂直俯拍的单元照片之间要有足够的重叠。垂直俯拍的单元照片仅单向拍摄即可。为保险起见，也可双向拍摄。

4. 控制曝光

在正反两个方向上拍摄时，光位变化很大，如果一个方向为顺光，另一个方向就是逆光，因此要合理调整曝光参数。

5. 使用球形投影方式接片

图 7-4-1

二、应用实例

1. 青岛港码头实景拍摄

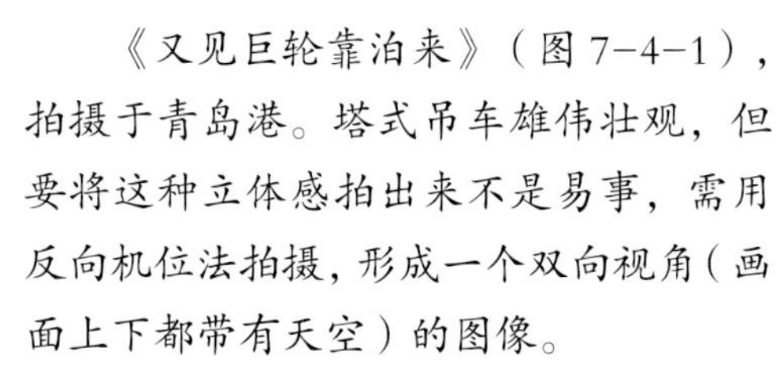

《又见巨轮靠泊来》（图 7-4-1），拍摄于青岛港。塔式吊车雄伟壮观，但要将这种立体感拍出来不是易事，需用反向机位法拍摄，形成一个双向视角（画面上下都带有天空）的图像。

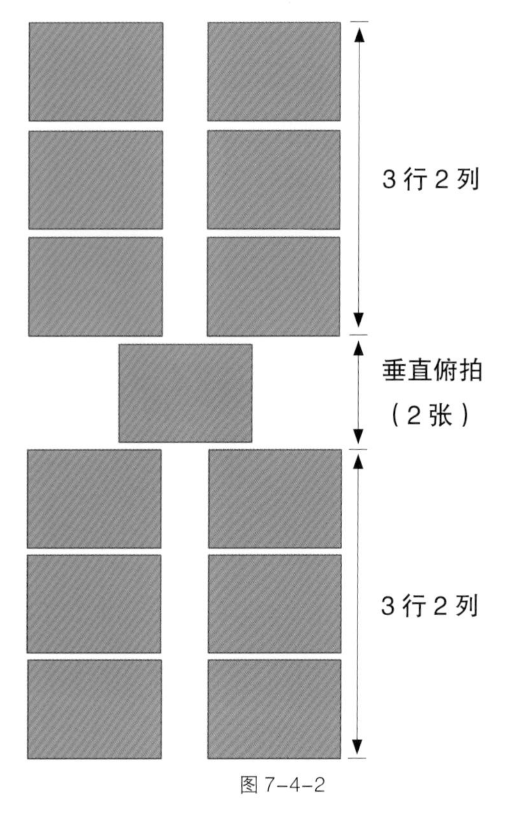

图 7-4-2

图 7-4-3

将无人机飞至一组塔式吊车上空正中间，让镜头顺港口方向拍摄 3 行 2 列单元照片及 1 张垂直俯拍单元照片。然后将无人机旋转 180°，拍摄 3 行 2 列单元照片及 1 张垂直俯拍单元照片。共拍摄 14 张单元照片（图 7-4-2）。

每个方向上的 3 行单元照片均是从俯拍至平拍再至仰拍，相当于摄影人站在机位上，先从下往上看，再转身向后，从下往上看。

在夏季 17：15 拍摄，场景中光线很强，光比很大，超出了无人机的宽容度。于是在机位不变的情况下，对着太阳使用 AEB 拍摄上下 2 组（各 5 张）单元照片（图 7-4-3），用于后期制作时进行局部替换。

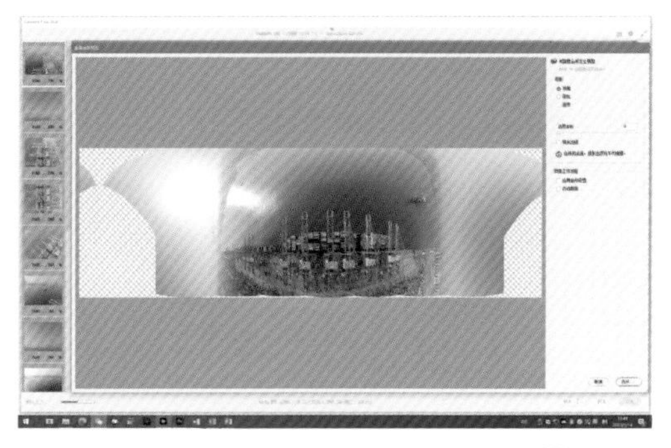
图 7-4-4

后期制作时，先将使用反向机位法拍摄的 14 张单元照片导入 ACR，使用球形投影方式接片，得到一张横向母版（图 7-4-4），再将其导入 PS 旋转 90°，让画面“立”起来，得到双视角整体场景母版。

图 7-4-5

将 10 张拍摄太阳的单元照片导入 ACR，进行 HDR 上下接片（图 7-4-5）。使用“合并为 HDR 全景”，合成太阳部分的局部母版，并替换到整体场景母版中。

图 7-4-6

根据需要，可以进行旋转裁切，制作成两张单视角的图像。

裁切了双视角画面下部天空的图像（图 7-4-6）。

图 7-4-7

裁切了双视角画面上部天空之后，旋转 180° 的图像（图 7-4-7）。

2. 青岛市星光岛贝壳桥实景拍摄

《神奇贝壳桥》（图7-4-8），拍摄于青岛市星光岛。在蓝光时刻的末尾，使用反向机位法在正反两个方向上各拍摄3行5列单元照片，外加1张垂直俯拍单元照片，共拍摄31张单元照片，形成一个双向视角（画面上下都带有天空）的图像。

图7-4-8

图 7-4-9

后期制作时进行分区接片。先将正向拍摄的 15 张单元照片合成正向母版（图 7-4-9）。

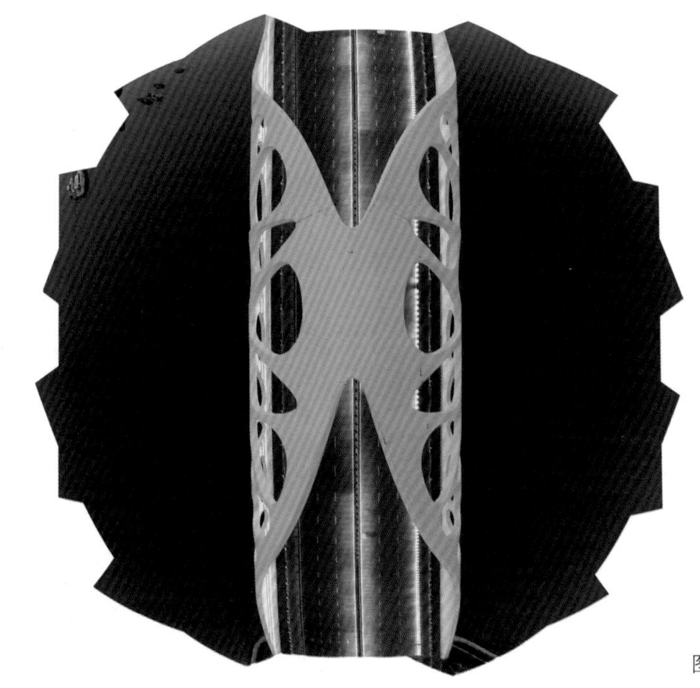

图 7-4-10

将垂直俯拍的 1 张单元照片与正向、反向拍摄的最下行的各 5 张单元照片（共 11 张单元照片）合成垂直俯拍母版（图 7-4-10）。

图 7-4-11

再将反向拍摄的 15 张单元照片合成反向母版（图 7-4-11）。将 3 张母版进行手动合成，进行适当的内容识别填充和修补，形成一张双视角整体场景母版。

根据需要，可以进行旋转、裁切，制作成两张单视角的图像。

裁切了双视角画面下部天空的图像（图 7-4-12）。

图 7-4-12

裁切了双视角画面上部天空之后，旋转180°的图像(图7-4-13)。

图7-4-13

第五节　单机位母版累加法

单机位母版累加法：拍摄一张全景图后，保持无人机的高度和平面坐标不变，仅通过旋转机身，使拍摄角度向左或向右移动，然后再拍一张相同模式的全景图。后期制作时，将两张全景图的单元照片通过 PS 合成为一个母版即可。

一、作用

1. 扩大场景

单机位母版累加法是在已经接片的基础上再行接片，或者说是对母版的局部扩张。使用全景预设拍摄后，可以即时观看母版，如发现画面的左侧或右侧有缺失，可以马上旋转机身，向左或向右再拍一张全景图，补充画面。后期合成时，将两组单元照片中重复的删掉一组，然后将剩余的单元照片合成母版即可。

2. 简化拍摄程序，提高拍摄效率和准确度

单机位母版累加法是在已知的拍摄结果上进行微调，比重新拍摄简单得多。

二、技术要领

1. 保持稳定：拍摄时，无人机的高度和平面坐标必须不变。因此，风力过大时尽量不要拍摄。

2. 两次拍摄时使用一样的全景预设。

3. 把握累加：机身旋转角度的大小决定了累加场景的多少。旋转角度不受限制，可大可小，需根据构图效果来定。

4. 累加顺序不限：将第一次拍摄的单元照片叠加到第二次拍摄的单元照片中，或将第二次拍摄的单元照片叠加到第一次拍摄的单元照片中的结果是一样的。

5. 景深位置一致：要控制好光圈的大小和焦点的位置，保证两次拍摄的景深位置相同。

6. 曝光度一致：使用自动曝光会增加接片的难度，最好手动调节曝光参数，尽量保持两次拍摄的曝光度一致。

三、应用实例

1. 青岛石化厂实景拍摄

《钢筋铁骨看石化》（图 7-5-1），拍摄于青岛石化厂。拍摄高度为 45 米，使用两次 180° 全景预设各拍摄 3 行 7 列单元照片。

图 7-5-

图 7-5-1

图 7-5-3

第一次使用 180° 全景预设拍摄后，查看母版（图 7-5-2），太阳的位置、曝光参数等都很好，但主体位置稍差，画面左侧较拥挤。

将无人机向左旋转约 10°，进行第二次 180° 全景拍摄（图 7-5-3）。后期制作时，将第二次拍摄的左侧第一列 3 张单元照片放入放有第一次拍摄的单元照片的文件夹中，然后将这些单元照片导入 ACR 进行自动合成。

2. 青岛市中国院子实景拍摄

图 7-5-4

《碧水蓝天映老宅》（图 7-5-4），拍摄于青岛市中国院子。使用单机位母版累加法进行两次 180° 全景预设拍摄。

图 7-5-5

第一次拍摄后，查看母版（图 7-5-5），构图合理、要素完整，但太阳位置太偏，画面右侧显得拥挤。

图 7-5-6

将无人机向右旋转 15°，扩大右侧场景，让太阳的位置成为作品的亮点之一（图 7-5-6）。

后期制作时，将第二次拍摄的最右侧的 3 张单元照片放入放有第一次拍摄的单元照片的文件夹中。然后将这些单元照片导入 ACR，使用圆柱投影方式，让 24 张单元照片自动对齐、合成母版。合成后发现太阳过曝，于是重新导入含有太阳的单元照片，调整好亮度和色调，再进行自动混合。

实战分享——东营雪莲大剧院一景三拍

湿地、油田、盐池、麦浪、建筑、黄河入海口……东营市有太多值得一看的自然景观和人文景观。

东营雪莲大剧院是东营市的地标性建筑之一，是东营市弘扬高雅艺术，推动文化交流的重要场所。大剧院的造型很像雪莲花。当黄河源地巴颜喀拉山上的雪莲花“落户”黄河入海口，这种意义不言而喻。

东营雪莲大剧院的高度为 46.25 米，外围有水系环抱。

为了更好地展现东营雪莲大剧院的风采，我用三种拍摄方式进行创作，还制作了下面这幅立体效果图。

一、第一拍——利用矩阵式接片与前后机位法

拍摄要点

1. 正确曝光

光圈尽量小，让拍到的太阳散发出的光尽量长一些。

2. 仔细构图

尽量使主体位于画面的黄金分割线上。

3. 前后机位法

使用前后两个机位进行拍摄，机位距离为 10 米，只取后机位拍摄的单元照片的最下行的 7 张，加入前机位拍摄的 21 张单元照片中，即在前机位拍摄的单元照片下加一行，变成 4 行 7 列。

4. 180° 全景预设

在每个机位上都使用 180° 全景预设拍摄 3 行 7 列单元照片。

二、第二拍——利用广角全景预设与上下机位法

拍摄要点

1. 上下机位法

分别在 121 米、159 米、189 米的高度上使用广角全景预设进行拍摄，机位之间的高度差分别为 38 米、30 米。

2. 低机位（121 米）

拍到大剧院的正视图，但背景中的湿地和远处的建筑被明显遮挡。

3. 中机位（159 米）

过渡机位，在此拍到的单元照片可以起到连接低机位与高机位单元照片的作用，避免图片断层。

4. 高机位（189 米）

重点拍摄背景中的湿地和远处的建筑，但已拍不全大剧院了。

5. 母版再接片

先将在这三个机位上拍到的单元照片分别接片，然后进行母版再接片。

三、第三拍——利用反向机位法

使用反向机位法拍摄，正向拍摄 3 行 3 列单元照片，反向拍摄 3 行 3 列单元照片，垂直俯拍 2 张单元照片，共拍摄 20 张单元照片。

案例赏析——青岛国信体育场实景拍摄